建筑工人自学成才十日通——砌筑工200问

主　编　周占龙
副主编　朝鲁孟　陈艳华
参　编　王成喜　梁丽华　张　玺
主　审　张浩生

机　械　工　业　出　版　社

本书采用“问答”的形式，通俗易懂，以操作工艺、质量、安全三大部分为主线，分别配之基本知识、材料、工种配合及相关知识，以解决每个工种“应怎样干”“怎样才能干好”及“怎样确保不出安全事故”三个关键问题。

本书共分八篇，其中三、五、六篇为主要篇。第三篇“操作工艺”主要介绍如何掌握砌筑的操作要领，以解决本工种“应怎样干”的问题；第五篇“工程质量”主要介绍“怎样才能干好”以及针对质量问题的防治措施；第六篇为“安全环保”，主要介绍砌筑工本身的安全防范方法及出现安全事故的防治措施。其他篇是辅助篇，均是为了充实和补充上述三个篇章的。

图书在版编目（CIP）数据

砌筑工200问/周占龙主编．—北京：机械工业出版社，2017.6
（建筑工人自学成才十日通）
ISBN 978-7-111-57151-3

Ⅰ.①砌… Ⅱ.①周… Ⅲ.①砌筑-问题解答 Ⅳ.①TU754.1-44

中国版本图书馆CIP数据核字（2017）第142605号

机械工业出版社（北京市百万庄大街22号 邮政编码100037）
策划编辑：张 晶 责任编辑：张 晶 于伟蓉
责任校对：潘 蕊 封面设计：马精明
责任印制：常天培
涿州市京南印刷厂印刷
2017年8月第1版第1次印刷
130mm×184mm · 5.5印张 · 120千字
标准书号：ISBN 978-7-111-57151-3
定价：29.80元

凡购本书，如有缺页、倒页、脱页，由本社发行部调换

电话服务	网络服务
服务咨询热线：010-88361066	机 工 官 网：www.cmpbook.com
读者购书热线：010-68326294	机 工 官 博：weibo.com/cmp1952
010-88379203	金 书 网：www.golden-book.com
封面无防伪标均为盗版	教育服务网：www.cmpedu.com

本书编写委员会

主　任：黄荣辉

副主任：周占龙　张浩生

成　员：郭佩玲　张　京　王吉生　朝鲁孟　范圣健

董旭刚　陈艳华　穆成西　梁丽华　王　玲

郭　旭　王成喜　格根敖德　杨　薇

范亚君　黄　华　吴丽华　朱新强　张　玺

石永红　张　斌　杨　毅　孙明威　石　勇

金永升　梁华文　黄亚华　曹瑞光　李宝祥

王玉昌　白永青　宫兴云　王富家　秦旭甦

李　欣　辛　闯

丛书序

我国的建筑业进入21世纪后，发展速度仍很快，尤其是住宅和公共建筑遍地开花，建筑施工队伍也不断扩大。为此，如何提高一线技术工人的理论知识和操作水平是一个急需解决的问题，这将关系到工程质量、安全生产及建筑工程的经济效益和社会效益，也关系到建筑企业的信誉、前途和发展。

20世纪80年代以来，我国建筑业的体制发生了根本性变化，大部分建筑企业已没有自己固定的一线工人，操作工人主要来自农村。这些人员基本上只具有初中的文化水平，对建筑技术及操作工艺了解甚少。其次是原来建筑企业的一线工人按等级支付报酬的制度已不存在，务工人员均缺乏一个“拜师傅”和专业培训的过程，就直接上岗工作。第三是过去已有的关于这方面的书籍，均是以培训为主编写的。而现实中，工人也需要掌握一定的操作技能，以适应越来越激烈的市场竞争，他们很想看到一本实用、通俗、简明易懂，能通过自学成才的书籍。

基于以上的原因，本系列图书均采用“问答”的形式，以通俗易懂的语言，使建筑工人通过自学即能掌握本工种的基本施工技术及操作方法。同时还介绍与本工种有关的新材料、新技术、新工艺、新规范、新的施工方法，以及和环境、职业健康、安全、节能、环保等有关的相关知识，建筑工人从书中能够有针对性地找到施工中可能出现的质量、安全问题的解决办法。

丛书中每个工种均以操作工艺、质量、安全三大部分为主线，包括基本知识、材料、工种配合及相关知识，以解决每个工种“应怎样干”“怎样才能干好”及“怎样确保不出安全事故”三个关键问题。

丛书包括：《建筑工人自学成才十日通——砌筑工 200 问》《建筑工人自学成才十日通——混凝土工 200 问》《建筑工人自学成才十日通——模板工 200 问》《建筑工人自学成才十日通——建筑电工 200 问》《建筑工人自学成才十日通——测量放线工 200 问》《建筑工人自学成才十日通——泵工 200 问》。

丛书的编写以行业专家为主，他们不仅具有扎实的专业理论知识，有当过工人的经历，更有多年的从业经验，比较了解一线工人应掌握知识的深度和广度。同时，丛书编写小组还吸收一部分长期在一线的中、青年技术人员参与，并广泛征求一线务工人员的意见，使这套丛书更具有可读性和实用价值。

前言

砌筑工以前曾经是建筑工程的一个重要工种，但随着标准黏土砖的逐步淘汰和墙体材料的不断改革发展，其重要地位有所下降，可在民用建筑工程中，主要的围护和分隔功能仍由砌筑工程承担，砌筑工对工程质量、成本及安全施工仍起着关键的作用。

砌筑工是一个与多工种配合作业的工种，它往往参与民用建筑主体工程施工的全过程。砌筑工程的质量好坏，直接影响到整个工程，同时它也是出现质量问题较多的工程之一。为此，如何提高砌筑工的操作技术，使之从理论上掌握本工种的关键所在，从而满足操作岗位的基本要求，是提高砌筑质量，确保安全施工的一件十分重要的工作。

本书共分八篇，其中三、五、六篇为主要篇。第三篇“操作工艺”主要介绍如何掌握砌筑的操作要领，以解决本工种“应怎样干”的问题；第五篇“工程质量”主要介绍“怎样才能干好”以及针对质量问题的防治措施；第六篇为“安全环保”，主要介绍砌筑工本身的安全防范方法及出现安全事故的防治措施。其他篇是辅助篇，均是为了充实和补充上述三个篇章的。

由于编者水平有限，书中难免有不妥和错误之处，恳请读者批评指正。

编　者

目录

第一篇

基本知识

本篇内容提要

本篇主要介绍砌筑工程在整个建筑工程中的作用和保证砌体强度的一些基本知识，包括识图要领。砌筑工应学会看懂施工图中有关砌筑工程部分的图纸。

第1-1问 砖墙在建筑工程中的作用是什么？

砖墙在建筑工程中的作用主要有两方面：一是起承重作用；二是起围护作用。随着科学技术的不断进步，砖墙作为承重作用的缺陷越来越明显，现除少量低层民用建筑仍采用砖墙承重外，大部分砖墙均只起到围护和分隔的作用了。多层民用建筑构造及单层工业建筑构造示意分别如图1-1和图1-2所示。

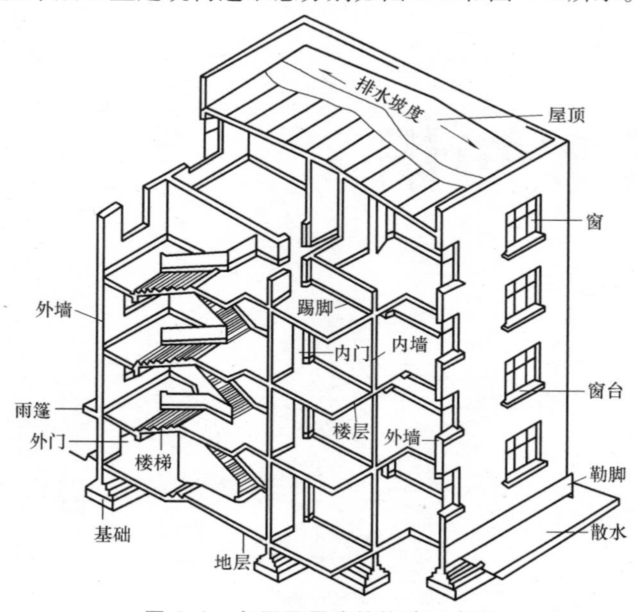

图1-1 多层民用建筑构造示意图

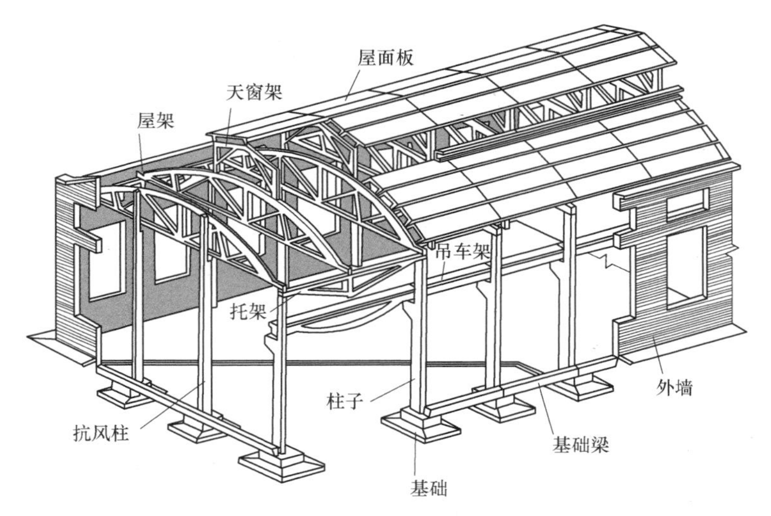

图 1-2　单层工业建筑构造示意图

第 1-2 问　什么叫外墙？什么叫内墙？

任何一个建筑物都必须“围”起来，才能抵抗外部的“炎热”与“寒冷”，防止风雨的侵入，从而具有“居住”的功能。所以，将建筑物外面“围”起来的墙，我们称之为外墙。

建筑物为了满足人们的使用需求，还要将室内“围”（间隔）成一间一间的小屋，这种内部“围”（间隔）起来的墙我们称之为内墙。

第 1-3 问　为什么说砌筑工程是建筑工程中的一个重要组成部分？

砖墙无论作为承重，还是作为围护，它都是建筑物的一个重要组成部分。究其原因：一是它所消耗的人工和材料多，费用大；二是它的施工工作面广，整个建筑物的上上下下、左左右右均少不了它。

第 1-4 问　砖墙在建筑工程中的主要受力情况是怎样的？

砖墙在建筑工程中主要是起承重和围护两大功能。其中，围护墙只承担自身重量，而承重墙除承担自重外，更主要是承载楼层的荷载。所以，当承重砖墙承受楼板（屋顶）传来的均布荷载或梁的集中荷载时，它将本层及上层传来的荷载传递到下层墙直至基础，也就是说楼板上与梁上的荷载通过承重砖墙逐层传递，由最底层墙传递给基础（见图 1-3）。可见从上往下墙承受的荷载逐层加大，所以，下层墙体要比上几层的厚。

当砖墙只作为围护结构时，虽然它实际上只承受自重，但

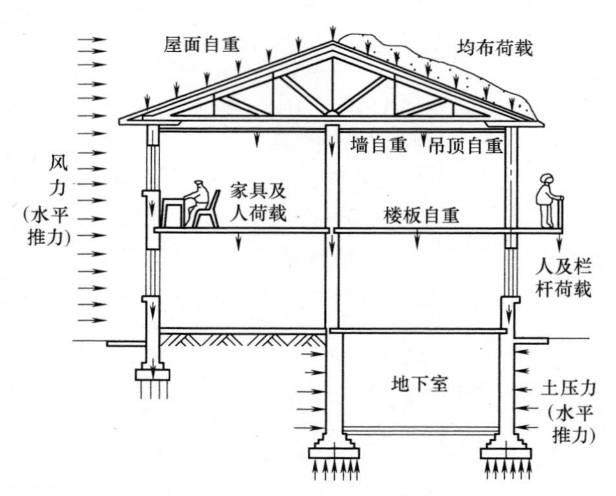

图 1-3　房屋建筑荷载示意图

当它遇到门窗及洞口时，砖墙的局部也会受到一部分的剪力和由于弯矩而产生的拉力（见图 1-4）。因此，往往在洞口处安放钢筋混凝土过梁来承受墙体产生的弯矩，而在过去则常采用砖过梁（见图 1-5）和钢筋砖过梁（见图 1-6）。

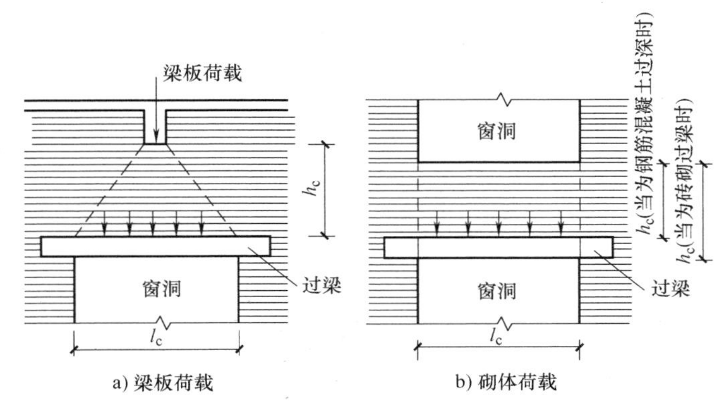

图 1-4　门窗（洞）口受力示意图

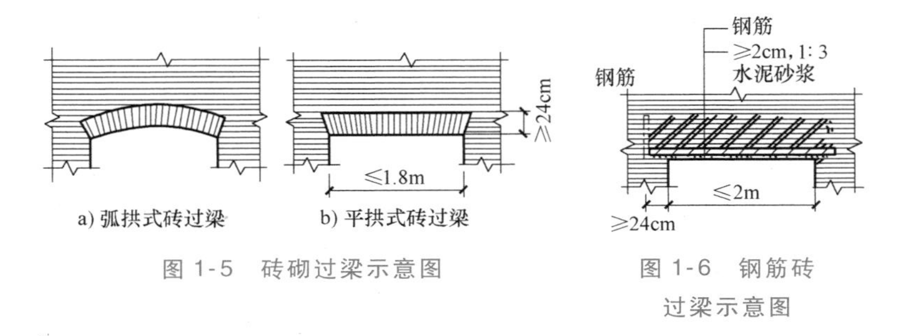

图 1-5　砖砌过梁示意图

图 1-6　钢筋砖过梁示意图

第 1-5 问　建筑物中的荷载是怎么分类的？两者又有什么关系？

建筑物中的荷载从性质上可分为两大类：一类叫静荷载；

一类叫活荷载。从图 1-3 中可看出：

静荷载（也可看作重量）在建筑物上是不变的，如屋面、梁柱、楼板自重等。

活荷载在建筑物上是可变的或经常在发生变化的，如楼面上的人群、室内的家具、施工时的人和机具材料、屋面上的积雪等的重量。

荷载如按作用的形式，可分为均布荷载和集中荷载两大类，一般情况下，上面讲的静荷载大多数是均布荷载，活荷载大多数是集中荷载。

第 1-6 问　什么叫作砖（毛石）砌体？

砖墙不管是在承重时还是在围护时，均要承受一定的荷载，所以砖墙必须要有一定的强度。砖墙的强度是通过砖砌体来表达的。什么叫作砖砌体呢？砖砌体就是砖通过砂浆有规则地堆砌起来并凝结成的一个整体。同理，毛石砌体就是毛石和砂浆形成的一个整体。

第 1-7 问　砖砌体强度的表示方法？

从第 1-4 问中我们已知道，砌体一般要受到三种力的影响，即压力、拉力、剪力。因砖砌体的抗拉强度和抗剪强度较差，砌体主要承受的是压力，所以常用砌体的抗压强度来确定砌体的强度。

砌体的抗压强度就是指砌体的单位面积上所能承受的最大压力，用 MPa（兆帕）来表示。

第 1-8 问　什么叫砂浆饱满度？

在第 1-6 问中已提到，砂浆的主要功能是将砖黏结成一个整体，所以，砂浆与砖黏结的好坏对砌体的强度影响很大。怎样才

能使砖与砖之间黏结得更好？除了砂浆本身的强度和稠度外，就是要看砖与砖之间的水平面（即砖的大面）与砂浆的接触面的大小了，也就是说接触面如达到100%，砌体的强度就最大，这个接触面大小就叫砂浆饱满度。由于要想使所有砖均达到100%的砂浆饱满度是不太可能，所以规范上要求标准实心砖的砂浆饱满度不得小于80%，工地一般用百格网来检查砂浆饱满度。百格网如图1-7所示。

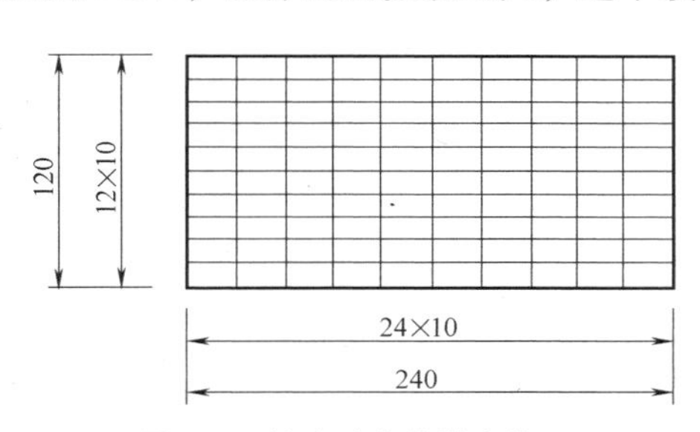

图1-7　检查砂浆饱满度的百格网示意图（单位：mm）

第1-9问　影响砌体强度的因素还有哪些？

砌体强度的大小除了与上面已提到的砂浆饱满度相关外，还与砖及砂浆的本身强度有关，也就是说，当砖的强度和砂浆的强度高时，砌体的强度也就高，但不是成比例增加的，它们三者的关系可参考表1-1。

表1-1　烧结普通砖砌体抗压强度设计值

（单位：MPa）

砖强度等级	砂浆强度等级					砂浆强度
	M15	M10	M7.5	M5	M2.5	0
MU30	3.94	3.27	2.93	2.59	2.26	1.15
MU25	3.60	2.98	2.68	2.37	2.06	1.05
MU20	3.22	2.67	2.39	2.12	1.84	0.94
MU15	2.79	2.31	2.07	1.83	1.60	0.82
MU10	—	1.89	1.69	1.50	1.30	0.67

注：表中MU表示砖的强度，M表示砂浆的强度。

其次砌体强度和砂浆的稠度有关。同样强度的砂浆，稠度

（即可操作性）好，强度就好。所谓稠度用土话说就是这砂浆“黏糊”不“黏糊”。一般水泥砂浆稠度较差，所以经常在水泥砂浆中掺和一些石灰来改善其稠度，使之变成混合砂浆以供使用。

第 1-10 问　在民用住宅建筑工程中，砖墙的主要作用已发生了什么样的变化?

在 20 世纪 70 年代前，砖墙在六层及以下的砖混结构建筑中，均起着承重的作用，即屋面及楼板的荷载均通过砖墙传递到基础，但随着科学技术的发展，特别是在 20 世纪 70 年代唐山大地震后，其作为承重结构使用得越来越少。唐山地震后震区砖砌体承重的建筑由于抗拉和抗剪太差全部倒塌，只有一栋五层现浇混凝土框架楼没有被震倒，但围护的砖墙也全部震掉了。故现在除农村自建住宅外，大部分住宅都已不再采用砖砌体承重的结构形式，均改为现浇混凝土框架承重及小型砌块做围护墙的结构体系，黏土砖承重墙已经退出历史舞台了。

第 1-11 问　一般民用建筑中有哪几种结构形式?它们与砌筑工程的关系如何?

按建筑结构所使用的材料，一般民用建筑的结构形式可分为：

（1）木结构　房屋主要材料为木材，由木柱、木梁组构成的房屋骨架进行承重，适用于单层建筑。木结构的墙体为砖或石材砌体，不是承重墙，仅起围护和间隔功能。

（2）混合结构　房屋主要材料为砖石，墙体是砖或石材砌成，为承重墙，楼板或屋盖使用现浇钢筋混凝土或钢筋混凝土预制件，适用于单层或多层建筑。

（3）钢筋混凝土结构　建筑物的主要结构材料为钢筋混

凝土，承重结构为钢筋混凝土框架或剪力墙，适用多层、高层或超高层建筑。框架结构采用空心砖或砌块用作围护墙或填充墙，砌筑量较大；而剪力墙结构大部分墙体为钢筋混凝土墙，砌筑量相对要少。

（4）钢与钢筋混凝土结构　也称劲性混凝土结构，主要承重材料为型钢骨架，外包裹钢筋混凝土，适用于超高层建筑。

第 1-12 问　民用建筑工程按其高度可划分几种建筑？它们是如何界定的？

民用建筑按地上层数或高度来分类，可划分为：

（1）低层住宅建筑　一层至三层住宅建筑。

（2）多层住宅建筑　四层至六层住宅建筑，一般高度大于 10m 而低于或等于 24m。

（3）小高层（也称中高层）住宅建筑　七层至九层住宅建筑，一般高度不大于 28m。

（4）高层建筑　十层及十层以上住宅建筑，一般高度在 28~100m 以下。

（5）超高层建筑　高度大于 100m 的民用建筑。

第 1-13 问　什么是砖混结构？

砖混结构是在传统的砖石结构基础上，加入了当代钢筋混凝土构件，并与砖石结构融会一体的建筑结构。砖混结构的主要特征是：承重墙体采用砖砌体，楼盖和屋盖采用预制或现浇的钢筋混凝土板。在多层房屋建筑中为提高建筑物的整体性和抗震能力，在墙体拐角和每层楼板处分别加设构造柱和圈梁（见图 1-8）。砖混结构抗震性较差，因此，在城市建设中，特别在抗震设防地区已很少采用。

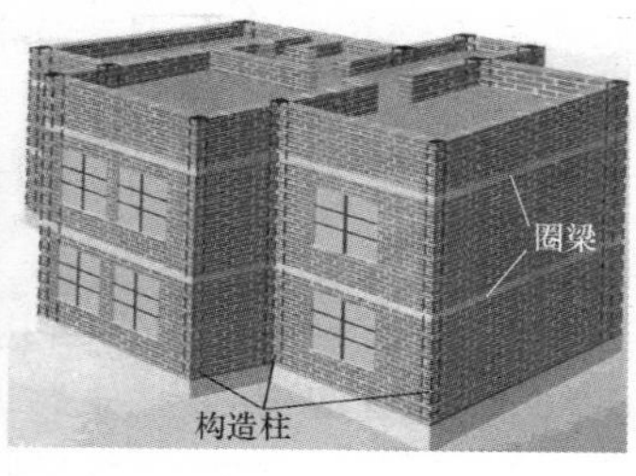

图 1-8 砖混结构房屋

第 1-14 问 什么是构造柱？有何作用？

砖混结构中在内外墙交接处、门厅和楼梯间的端部都应设置钢筋混凝土柱，将这些地方的墙体端面砌成马牙槎，且留设锚筋与柱相连接，此柱就称为构造柱。构造柱不是房屋结构的主要承重构件，但它可大幅度提高结构极限变形能力，使原来比较脆性的墙体具有较大的延性，从而提高结构抗水平地震力作用的能力。构造柱设置数量与房屋层数、区域设防地震烈度有关。砖墙构造柱的最小截面尺寸为 240mm×180mm，混凝土强度等级不低于 C15，具体构造如图 1-9、图 1-10 所示。

图 1-9 构造柱设置位置

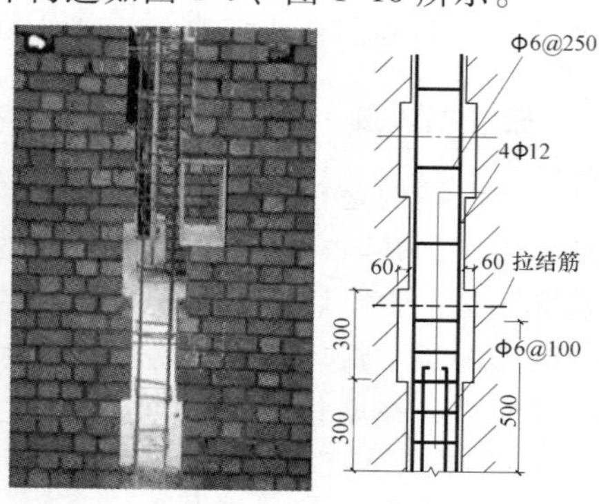

图 1-10 构造柱与墙体连接示意

第 1-15 问　什么是圈梁？有何作用？

砖混结构房屋中，在每层楼板处的纵横内外墙上都应设置水平封闭的钢筋混凝土梁，此梁就称为圈梁。圈梁与楼板连成一体，并与构造柱相交连接，形成对砖墙的约束边框，从而使纵横墙保持一个整体，增强了房屋的整体性，提高砖墙的抗震能力和楼盖的水平刚度。同时圈梁对限制墙体斜裂缝的开展和延伸、减轻地震时地基不均匀沉陷对房屋的不利影响有重要作用，能防止或减轻墙体坍塌的可能性。圈梁的具体构造如图 1-11、图 1-12 所示。

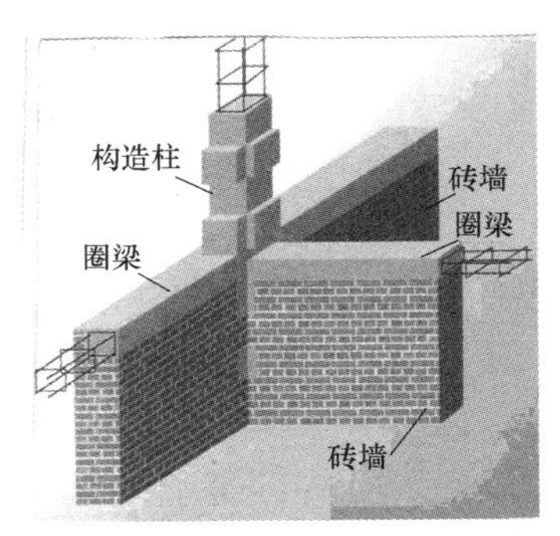

图 1-11　构造柱与圈梁连接示意

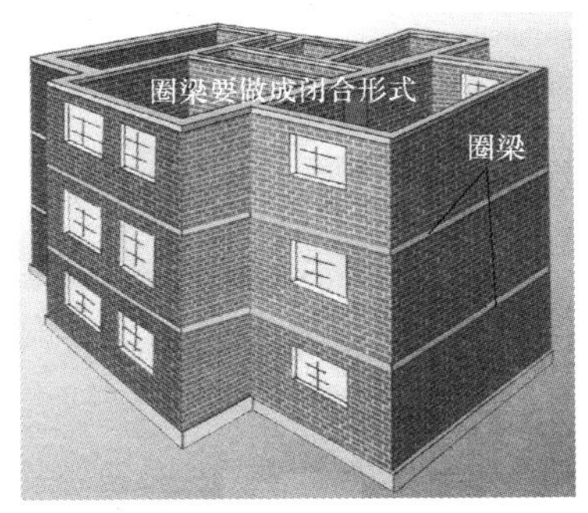

图 1-12　房屋层间圈梁设置示意

第 1-16 问　什么是框架结构？它有什么样的结构性能与使用特点？

框架结构是由纵梁、横梁和柱组成的结构（见图 1-13、图 1-14）。它与传统的砖混结构相比，结构强度高，延性好，整体性好，抗震性能高。但由于框架结构受水平荷载（例如风力）作用下，会显现出强度低、刚度小、水平变位大的特点，故被称为柔性结构体系。

框架结构建筑使用特点为：可提供较大的空间，平面宽畅，布置灵活，可满足不同生产工艺和使用要求。框架结构特别适用于多层工业厂房和仓库，一般常用于多层及小高层的民用住宅、公用及商业用房、轻工业厂房等建筑。如用于抗震设防烈度8度地区，现浇框架结构的高度不超过45m，约14层左右；若用于非地震区，则可达60m，约20层。

图1-13　框架结构内景

图1-14　框架结构外貌

第1-17问　什么是框架剪力墙结构？它有什么样的结构性能与使用特点？

框架剪力墙结构又简称框剪结构，它在框架纵、横方向的适当位置，在柱与柱之间设置几道厚度大于120mm的钢筋混凝土墙体。与框架结构相比，这种结构具有明显的优越性，它在框架中增设了抗侧力刚度很大的墙片（剪力墙），使结构体系的抗侧力刚度大大提高，房屋在水平荷载作用下的侧向位移大大减小，因此这种结构体系也称为半刚性结构体系（见图1-15）。

在整个框剪体系中，框架主要承受竖向荷载，也承受部分

水平荷载，而剪力墙将承担绝大部分水平荷载（如风荷载或地震力），使剪力墙和框架充分发挥各自的作用。框剪结构的延性、整体性和抗震性均好于框架结构，同时具有框架结构平面布置灵活的特点，因此，被广泛应用于民用、公用高层建筑中。框剪结构建筑一般以25层以下为宜，最高不超过30层。

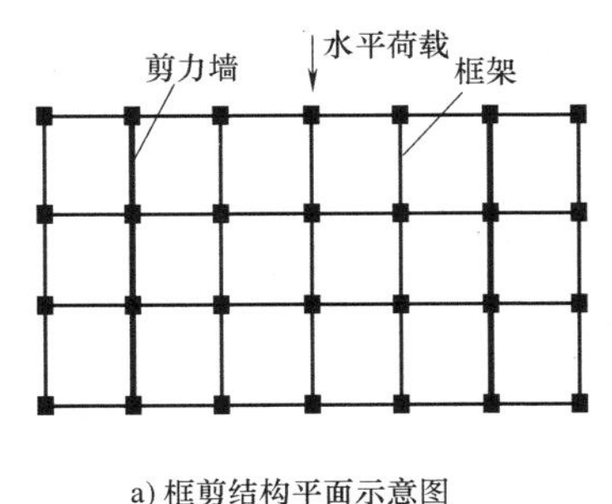

a) 框剪结构平面示意图

b) 框剪结构建筑内景

图1-15　框架剪力墙结构示意图

第1-18问　什么是剪力墙结构？它有什么样的结构性能与使用特点？

当房屋建筑层数高于25~30层后，横向水平荷载相对加大，采用框剪结构已满足不了要求，人们就设计出另一种结构形式——剪力墙结构。剪力墙结构是由纵向、横向的钢筋混凝土墙和暗埋在墙体内的梁、柱所组成的结构。这种结构整体性、抗震性比框架结构及框剪结构更高一些，但平面布置受墙体分隔限制，适用于民用住宅或公寓、旅馆等高层建筑（见图1-16、图1-17）。规范规定抗震设防烈度8度地区，现浇结构高度不超过100m。

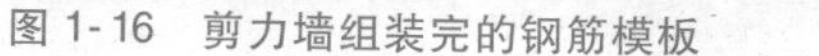
图 1-16　剪力墙组装完的钢筋模板

图 1-17　剪力墙建筑结构

第 1-19 问　在工业建筑工程中，砖墙的主要作用发生了什么样的变化？

与民用建筑一样，工业建筑除极少数的小型厂房还在采取砖柱承重外，已不再采用砖墙（柱）作为承重结构，而是采用轻型钢屋架及墙板结构体系。

第 1-20 问　什么叫施工图？它由哪些图纸组成？

施工图是准确地反映该建筑物的外形、大小尺寸、平面布置、结构构造、所使用材料及做法的图纸，是施工的重要依据。一般常说的按图施工中的“图”就是指施工图。

施工图一般包括建筑总平面图、建筑图、结构图及专业施工图，如给水排水图、暖通空调图、电气图等。

施工图中为清楚表示整个建筑构造情况，还分别绘制平面图、立面图、剖面图和节点详图。各个图的作用如下：

（1）平面图　主要表示建筑的长宽尺寸、各层的平面布置、门窗位置等。

（2）立面图　主要表示建筑物的总高度、外立面造型、

屋面形式、门窗位置及形式、挑檐及台阶的形状和位置等。

(3) 剖面图　主要表示建筑物的各层地面标高、层高、门窗及窗台高度、室内外地面的高差等。

(4) 节点详图　当上面三种图无法表示细部尺寸时，要将局部建筑结构（节点）绘制详细的构造图。

施工图必须是由有一定资质的设计院绘制，并且要经有关部门审核，批准后才有效。

第1-21问　对于砌筑工程，在施工总说明中应注重看哪部分内容?

砌筑工程要看懂建筑施工图。每套建筑施工图都有建筑总说明，因为有些在施工图中无法画出来的及一些需要说清楚的共性问题，均是通过总说明来说清楚或提出要求的。

对于砌筑工程，在看建筑总说明时，应注意以下两大部分内容：一是总说明中提到的砌筑工程所采用的国家或行业规范及标准；二是在总说明中提到的内外墙体的具体做法和要求。

第1-22问　哪部分施工图与砌筑工程有关?从这些图上能看到哪些尺寸?

与砌筑工程有关的施工图主要是建筑图。建筑物的平面、立面、剖面和节点的详细尺寸，均能通过建筑图表示出来。

平面图能将建筑物各层水平投影的长、宽尺寸表示出来；立面图能将建筑物外形的长、高尺寸表示出来；剖面图能将建筑物内部的长、高尺寸表示出来；当上面三种图无法表示细部尺寸时，采用节点详图将之表示出来。

第1-23问　怎样看懂图纸中的一些共性问题?

(1) 比例问题　每张图纸均会表明比例是多少，如平面

图一般是 1 : 100 或 1 : 200。以 1 : 100 为例，它表示图纸上 1cm 相当于实际 100cm。

（2）轴线问题　轴线均用两个方向来表示。一般在长度方向用阿拉伯数字表示，宽度方向用英文字母表示（见图1-18）。

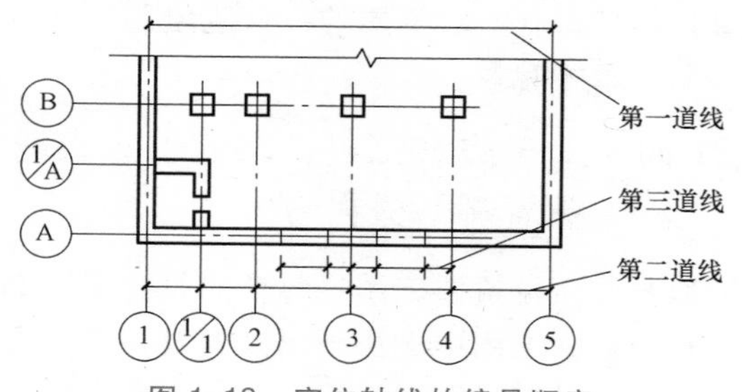

图 1-18　定位轴线的编号顺序

（3）标高问题　标高表示建筑物某一部位的高度，用相对标高来表示。一般将一层的地面标高定为±0.000，高出一层地面的为正（一般在数字前不用“+”号标注），低于一层地面的为-（在数字前必须用“-”号标注出来），如图 1-19 所示。

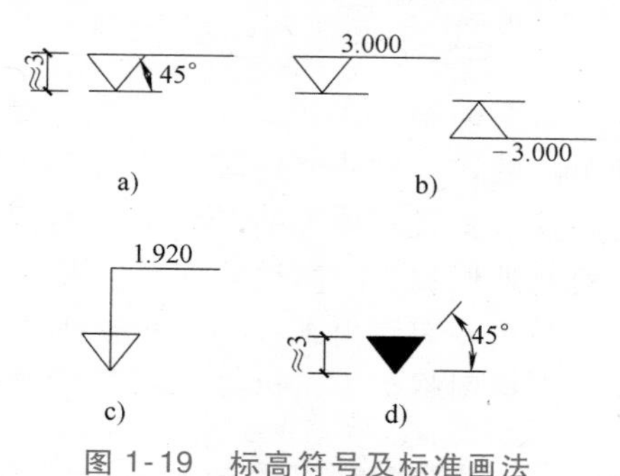

图 1-19　标高符号及标准画法

（4）尺寸问题　一般情况下，除标高以米（m）为单位

标注（要求精确到小数点后三位数）外，其余的尺寸均以毫米（mm）为单位标注。

（5）每张图纸上的说明　除了第1-21问中已讲的总说明外，有时每张图上还有补充说明。读图时，对这些说明一是要和总说明详细对照；二是要一条条和本张图纸对照。

第1-24问　从平面图上如何看懂砌筑工程的有关尺寸？

首先看懂建筑物水平投影的外围尺寸。平面图上所标注的尺寸一般分为三道（见图1-18）：第一道（外面那道）为外包总尺寸，即建筑物的总长度和总宽度；第二道（中间那道）为轴线尺寸，即建筑物内部分隔的大小；第三道（里面那道）为细部尺寸，如门窗洞口、墙、柱、垛等的尺寸。

其次要注意看明白各房间的布置、内墙的位置和宽度、室内门窗及各种预留孔洞（预埋件）、地面标高等。

第三是要注意平面图上剖面图的剖切位置、各种详图的索引符号、采用标准图的编号和图上的文字说明等。

第1-25问　从立面图上如何看懂砌筑工程的有关尺寸？

建筑立面图一般分正立面图、背立面图和侧立面图，有时按朝向分东、南、西、北立面图或用特定的轴线标注的立面图。立面图主要是说明建筑物的总高度及外墙的做法，所以在看时要注意以下几个方面：

1）建筑物的外形、屋面形式、门窗位置及形式、挑檐及台阶的形状和位置。

2）建筑物的标高、室内外的高差，并要与平面图核对建筑物的总高度和总宽度。

3）外墙的各部分（注意突出和缩进）的材料和做法等。

第1-26问　从剖面图上如何看懂砌筑工程的有关尺寸？

剖面图是表示该建筑物室内做法的图纸，图中主要表示建筑物内部在高度方向的结构形式及高度尺寸，以及内部分层情况和部位之间的联系。剖面图与平面图、立面图相配套，是建筑图的三大图之一。剖面图的剖切位置和编号均可在平面图上找到。

从剖面图中须看懂以下几方面：

1）建筑物的总高度、各层的标高、室内外地面的高差、门窗及窗台的高度等。

2）各部分（主要是梁、板、柱）的相互关系、构造做法及结构形式。

3）楼梯、走廊、阳台等部位在高度方向上的布置。

以上三项都要与平面图、立面图一一对照。

4）注意图中的索引和文字说明。

第1-27问　怎样看懂节点详图？

当有些节点部位尺寸在上述的平、立、剖面图中无法表达，或表达不清时，应采用节点详图来表达。所以，在看节点详图时，首先要看懂它是在说明哪张图上的哪个节点，一般节点详图符号如图1-20所示。

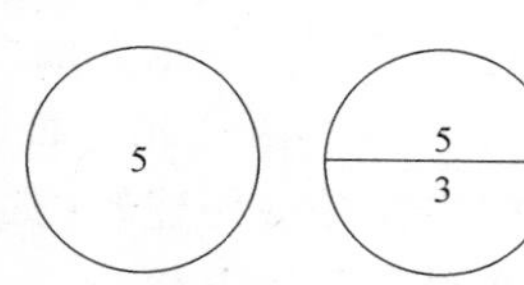

a) 表示与被索引图样同在一张图纸内的详图符号　　b) 表示与被索引图样不在同一张图纸内的详图符号

图1-20　详图符号

上半圆中数字表详图编号，下半圆中数字表被索引的图纸编号

建筑详图通常有外墙

节点、楼梯、门窗、栏板（杆）、扶手、厨房、厕所（浴室）等详图。详图能更清楚地反映出所需表达部位的形状、尺寸、具体做法及所用材料等情况。

第 1-28 问　砌筑工程施工图中，经常遇到的建筑构件代号及材料图例有哪些？

常用建筑构件代号见表 1-2。

表 1-2　常用建筑构件代号

序号	名称	代号	序号	名称	代号	序号	名称	代号
1	板	B	19	圈梁	QL	37	承台	CT
2	屋面板	WB	20	过梁	GL	38	设备基础	SJ
3	空心板	KB	21	连系梁	LL	39	桩	ZH
4	槽形板	CB	22	基础梁	JL	40	挡土墙	DQ
5	折板	ZB	23	楼梯梁	TL	41	地沟	DG
6	密肋板	MB	24	框架梁	XL	42	柱间支撑	ZC
7	楼梯板	TB	25	框支梁	KZL	43	垂直支撑	CC
8	盖板或沟盖板	GB	26	屋面框架梁	WKL	44	水平支撑	SC
9	挡雨板或檐口板	YB	27	檩条	LT	45	梯	T
10	吊车安全走道板	DB	28	屋架	WJ	46	雨篷	YP
11	墙板	QB	29	托架	TJ	47	阳台	YT
12	天沟板	TGB	30	天窗架	CJ	48	梁垫	LD
13	梁	L	31	框架	KJ	49	预埋件	M-
14	屋面梁	WL	32	刚架	CJ	50	天窗端壁	TD
15	吊车梁	DL	33	支架	ZJ	51	钢筋网	W
16	单轨吊车梁	DDL	34	柱	Z	52	钢筋骨架	G
17	轨道连接	DGL	35	框架柱	KZ	53	基础	J
18	车挡	CD	36	构造柱	GZ	54	暗柱	AZ

注：1. 预制混凝土构件、现浇混凝土构件、刚构件和木构件，一般可以采用本表中的构件代号。在绘图中，除混凝土构件可以不注明材料代号外，其他材料的构件可在构件代号前加注材料代号，并在图纸中加以说明。

2. 预应力混凝土构件的代号，应在构件代号前加注“Y”，如 Y-DL 表示预应力混凝土吊车梁。

常用建筑构件和材料图例见表 1-3。

表 1-3　常用建筑构件和材料图例

空门洞	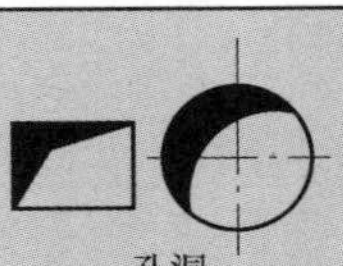 孔洞	 自然土壤
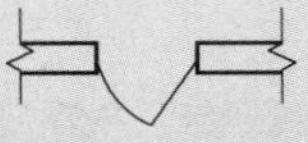 单扇门	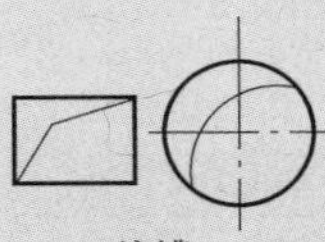 坑槽	 素土夯实土壤
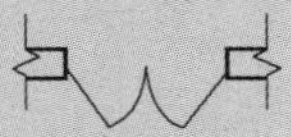 双扇门	 烟道	 砂、灰土
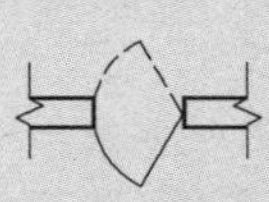 双向单扇弹簧门	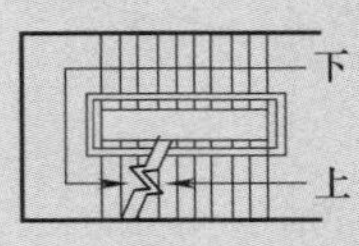 中间层楼梯（下、上）	 普通砖
 推拉门	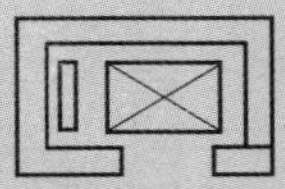 封闭式电梯	 空心砖
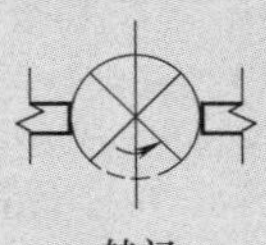 转门	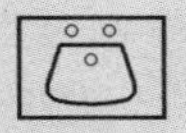 立式洗脸盆	 混凝土

（续）

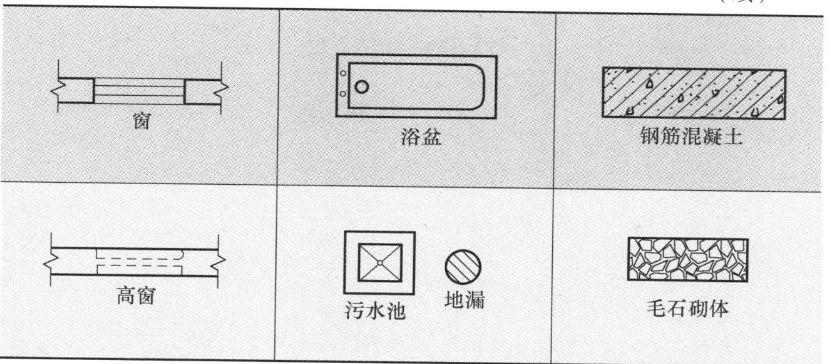

第二篇

材料

本篇内容提要

本篇主要介绍砌筑工程中使用的主要砌体材料和砂浆的质量要求及使用范围。在砌体材料中重点介绍标准砖和砌块两大类，同时简单介绍了毛石。本篇对商品砂浆也作了一些介绍。

第 2-1 问 什么叫普通黏土砖？

普通黏土砖就是我们通常说的红砖（青砖），它是黏土通过砖窑焙烧而成，也是最古老的建筑用砖。成语“秦砖汉瓦”中的砖，就是指黏土砖，这说明中国早在 3000 多年前，就用黏土砖作为主要的建筑材料了。

普通黏土砖也称为“标准砖”，因它的外形尺寸标准统一，即长×宽×高均为 240mm×120mm×53mm。

普通黏土砖按抗压强度分为 MU30、MU25、MU20、MU15、MU10 五个等级。

普通黏土砖根据强度、耐久性和外观质量分为优等品（A）、一等品（B）、合格品（C）三个等级，凡是欠火砖、酥砖、螺纹砖均视为不合格品。

但由于普通黏土砖要占用和销毁大量农田，我国早已三令五申不准将普通黏土砖作为主要的砌筑材料。同时随着科学技术的进步，各种混凝土小型砌块等非黏土砖，将全面代替普通粘土砖。

第 2-2 问 什么是蒸压灰砂砖？它有哪些优缺点？

蒸压灰砂砖简称灰砂砖，它是以石灰和砂子为主要原料，通过压制成型，再经蒸压养护而成的实心砖，外形尺寸同普通黏土砖。

由于蒸压灰砂砖的主要黏结材料为石灰，故强度较低，按抗压强度为 MU25、MU20、MU15、MU10 四个等级。

蒸压灰砂砖的最大优点是不用黏土了，但由于它的主要材料是石灰，所以在下列情况下不得使用：

1）长期受热 200℃以上的部位。

2）受急冷、急热和有酸性介质侵犯的部位。

蒸压灰砂砖级别在 MU15 以上时，可用于基础及其他部位；级别为 MU10 时，只可用于防潮层以上的部位。

第 2-3 问 什么叫粉煤灰砖？试述它的使用范围。

由于火力发电厂每年均要排放出大量的粉煤灰，而粉煤灰中有含有一定的活性成分。所以从 20 世纪 70 年代以后，粉煤灰砖在建筑工程中开始得到广泛使用。

粉煤灰砖是以粉煤灰、石灰为主要原料，掺加适量石膏和骨料压制成型，经过高压或常压蒸汽养生而成的实心砖。

粉煤灰砖的外形尺寸和强度等级与普通黏土砖相同。粉煤灰砖的外观质量和尺寸偏差见表 2-1。

表 2-1 粉煤灰砖的外观质量和尺寸偏差

项目名称			技术指标
外观质量	缺棱掉角	个数/个	≤2
		三个方向投影尺寸的最大值/mm	≤15
	裂纹	裂纹延伸的投影尺寸累计/mm	≤20
	层裂		不允许
尺寸偏差	长度/mm		+2 -1
	宽度/mm		±2
	高度/mm		+2 -1

粉煤灰砖的使用范围：

1）一般建筑物的墙体和基础。

2）在易受冻融和干湿作用的建筑部位，必须使用一等砖，并用水泥砂浆抹面。

第2-4问 什么叫小型砌块？它是怎样划分的？

所谓小型砌块实际上是相对于标准实心砖而言的，因为砌块的外形与标准砖一样，也是长×宽×高的长条形直角六面体，所以只要砌体的长×宽×高中的任一项或一项以上分别大于365mm、240mm、115mm时，就称为砌块。

当砌块的主规格的高度大于115mm，而又小于380mm时，统称为小型砌块（见图2-1）。

a) 砌块正面1

b) 砌块正面2

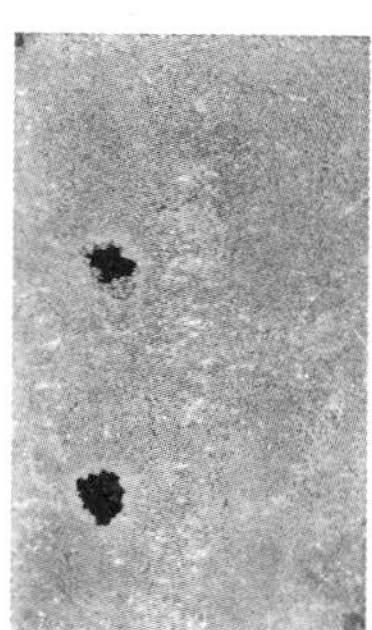
c) 砌块背面

d) 砌块侧立面

图2-1 小型砌块外形图示

小型砌块根据使用的主要材料不同分为：混凝土小型空心砌块、蒸压加气混凝土砌块、轻骨料混凝土小型空心砌块、粉煤灰砌块等。由于小型砌块可以根据当地资源就地取材，所以21世纪以来发展很快，基本上已可以代替黏土砖了。混凝土小型砌块的外观质量和尺寸偏差见表2-2。

由于小型砌块品种较多，本书仅对几种常用的小型砌块做介绍。

表2-2　普通混凝土小型块的外观质量与尺寸偏差

项目名称			技术指标
外观质量	弯曲/mm		≤2
	缺棱掉角	个数/个	≤1
		三个方向的投影尺寸的最大值/mm	≤20
	裂纹延伸的投影尺寸累计/mm		≤30
尺寸偏差	长度/mm		±2
	宽度/mm		±2
	高度/mm		+3，-2

第2-5问　什么叫轻骨料混凝土小型空心砌块？

轻骨料混凝土小型空心砌块是以水泥作为胶凝材料，与不同的轻骨料通过搅拌、浇筑、振动成型、养护而成的小型空心砌块。

根据使用的轻骨料品种不同，轻骨料混凝土小型空心砌块可分为：浮石混凝土小砌块、煤渣混凝土小型空心砌块、煤矸石混凝土小型空心砌块、黏土陶粒混凝土小型空心砌块、粉煤灰陶粒混凝土小型空心砌块等。

轻骨料混凝土小型空心砌块是目前使用较广的一种砌块，因为它的骨料可以就地取材，不用焙烧和蒸养，不用厂房，基本上和普通混凝土一样，通过自然养生即可硬化，工艺简单，成本低。

第 2-6 问　什么叫浮石混凝土小型空心砌块？试述它的适用范围。

浮石混凝土小型空心砌块是以水泥、浮石、细砂（或粉煤灰）为主要原料，通过搅拌、浇筑、振动成型、养护而成的小型空心砌块。

浮石混凝土小型空心砌块的规格一般为：长 485mm（350mm、235mm）；宽 240mm（120mm）；高 185mm。

浮石混凝土小型空心砌块的抗压强度分为 MU4.5、MU3.5、MU2.5 三个等级。

浮石混凝土小型空心砌块适用于五层及五层以下一般民用建筑墙体。

第 2-7 问　什么叫煤渣混凝土小型空心砌块？试述它的适用范围。

煤渣混凝土小型空心砌块是以水泥、煤渣等为主要原料，通过搅拌→浇筑→捣捣→养护而成的小型空心砌块。但使用的煤渣须经过筛选、破碎、陈化等工序处理。

煤渣混凝土小型空心砌块的规格为：长 390mm（190mm、90mm）；宽 190mm；高 190mm。其按抗压强度分为 MU4.5、MU3 二个等级。

煤渣混凝土小型空心砌块适用于一般工业与民用建筑中的围护墙体。

第 2-8 问　什么叫粉煤灰陶粒混凝土小型空心砌块？试述它的适用范围。

粉煤灰陶粒混凝土小型空心砌块是以水泥、粉煤灰陶粒等为主要原料，通过搅拌、浇筑、振捣、养护而成的小型空心砌块。

粉煤灰陶粒混凝土小型空心砌块的规格为：长 390mm（190mm、90mm）；宽 190mm；高 190mm。

粉煤灰陶粒混凝土小型空心砌块，按抗压强度分为 MU2.5、MU3.5、MU5.0、MU7.5、MU10 五个等级。

粉煤灰陶粒混凝土小型空心砌块适用一般工业与民用建筑墙体。

浮石混凝土小型空心砌块、煤渣混凝土小型空心砌块、粉煤灰陶粒混凝土小型空心砌块，这三种混凝土小型空心砌块由于采用比较简单的生产工艺，除了可以满足主要规格外，还可以根据用户需要，生产不同规格的空心砖，所以得到广泛的应用。

第 2-9 问 什么叫蒸压加气混凝土砌块？它的优缺点是什么？

蒸压加气混凝土砌块简称加气混凝土砌块，它是以水泥、矿渣、砂、石灰等为主要原料，加入发气剂，经过搅拌、成型、高压蒸汽养护而成的实心砌块。

《蒸压加气混凝土砌块》（GB/T 11968—2006）规定其强度级别有 A1.0、A2.0、A2.5、A3.5、A5.0、A7.5、A10 七个等级，其砌块块体干密度级别有 B0.8、B0.7、B0.6、B0.5、B0.4、B0.3 六个级别（单位：t/m^3）。

蒸压加气混凝土砌块的规格尺寸如下：

长度/mm：600。

宽度/mm：100，120，125，150，180，200，240，250，300。

高度/mm：200，240，250，300。

其规格尺寸比较灵活，可根据设计要求选用或加工。

蒸压加气混凝土砌块是发泡成型，体积大、重量轻，施工速度快，但它需要高压蒸汽养护，因此一定要有厂房及蒸压设备，相对成本比上述的轻骨料混凝土小型空心砌块要高。

第 2-10 问　什么叫石膏砌块？它的优缺点是什么？

石膏砌块是以熟石膏为主要材料，经过料浆拌合、浇筑成型、自然干燥或烘干等工艺而制成的轻质隔墙块型材料。

石膏砌块具有轻质、防火、隔热、隔声和调节室内温度的良好性能。石膏砌块表面平整光滑，不用抹灰，可锯、钉、钻，容易加工，施工方便。

石膏砌块的主要缺点是强度低，怕潮湿。

第 2-11 问　什么叫 GRC 空心隔墙板？它的优缺点是什么？

GRC 中文名称为玻璃纤维增强水泥。GRC 空心隔墙板是以水泥砂浆作为胶凝材料，用玻璃纤维做增强材料的一种纤维水泥复合材料。GRC 空心隔墙板由专门的工厂加工生产。

GRC 空心隔墙板广泛应用于多层及高层建筑的分隔，特别适用于室内分户、厨房、卫生间等非承重的隔墙及低层建筑非承重外墙，还可以用于各种简易快装房和旧建筑加层等。

GRC 空心隔墙板具有轻质、高强、耐火、保温、隔音、防潮等优点，此外，GRC 空心隔墙板的加工性好（可锯、钉、钻），装拆方便，施工简单方便。

GRC 空心隔墙板必须在工厂生产，是定型产品，因此墙板高度不能适应不同工程层高的要求，异性尺寸需要定制，且造价偏高。

GRC 空心隔墙板的规格见表 2-3。

表 2-3 GRC 空心隔墙板的规格

序　号	规　格/mm	孔　数	孔径/mm
1	(2000~3000)×600×60	10	45
2	(2000~3000)×600×90	7	60
3	(2000~3000)×600×62	9	38
4	(2000~3000)×600×92	7	60
5	(2000~3000)×600×122	18	38
6	特殊规格可按图制定		

第 2-12 问　什么叫石材？建筑工程中石材分几类？

从天然岩层中开采出来的毛料石和经过加工而成的块状石料，统称为石材。石材由于质地坚固，又可以加工成各种形状，所以既可作为承重结构使用（如毛石基础），又可以作为装饰材料（如花岗岩地面）。

建筑工程中常用的石材分两大类：一类叫毛石；另一类叫料石。

第 2-13 问　什么叫毛石？工程上常用在什么部位？

毛石是岩石经爆破后所得的不规则石块，一般要求在一个方向有较平整的面，中部厚度不小于 150mm，每块毛石重量大约为 20~30kg。

毛石在工程上常用于基础、挡土墙、护坡和墙体等。

第 2-14 问　什么叫料石？工程上常用在什么部位？

料石是经过加工后的石材。料石又可分为粗、细两种：

1）粗料石也称块石，是经过粗加工后形状比较整齐，具有近似规则的六个面的成品石材。在工程上常用于基础、房屋勒脚、毛石砌筑的转角处和单独的石材墙体。

2）细料石是经过人工加工和机械切割碾磨而成的成品石材。因加工的精细程度不同，细料石可分为一细及二细等。细料石一般用于台阶、勒脚、墙体和高级装修的饰面。

第 2-15 问　石材的技术性能要求有哪些?

石材的抗压强度分别为 MU100、MU80、MU60、MU40、MU30、MU20、MU15、MU10 八个等级。

石材的抗冻融要求是，经过 15、25 或 50 次冻融循环，试件无贯穿裂缝，质量损失不超过 5%，强度降低不超过 25%。

石材的技术性能要求见表 2-4。

表 2-4　石材的技术性能要求

石材名称	密度/(kg/m³)	抗压强度/MPa
花岗岩	2500~2700	120~250
石灰岩	1800~2600	22~140
砂岩	2400~2600	47~140

第 2-16 问　对石材加工的质量要求有哪些?

石材各面的加工要求应符合表 2-5 的规定。

表 2-5　石材各面的加工要求

石材种类	外表面及相接周边的表面凹入深度	叠砌面和接砌面的表面凹入深度
细料石	不大于 2mm	不大于 10mm
粗料石	不大于 20mm	不大于 20mm
毛料石	稍加修整	不大于 25mm

注：相接周边的表面是指叠砌面、接砌面与外露面相接处 20~30mm 范围内的部分。

石材加工的允许偏差见表 2-6 的规定。

表 2-6 石材加工的允许偏差

石材种类	加工允许偏差/mm	
	宽度、厚度	长度
细料石	±3	±5
粗料石	±5	±7
毛料石	±10	±15

注：如设计有特殊要求，应按设计要求加工。

第 2-17 问 建筑工程在选择使用砖时，应考虑哪些主要因素？

砖墙在建筑工程中主要有承重和围护两大功能。砖墙这两个功能都是通过砖墙的厚度和材质来决定。

当砖墙主要起承重作用时，砖墙厚度的大小就决定了它受压面积的大小，也就是说，厚度越厚，可承受的重量越大。考虑到砖墙要同时满足保温、隔音的功能，必要时可再增加厚度或采用保温、隔音较好的材料等措施。

当砖墙主要起围护作用时，只需要根据使用的砌体材料的导热系数来确定砖墙的厚度。

由于上述的原因，一般承重墙在选择砖时，均考虑使用标准尺寸（240mm×120mm× 53mm）的实心砖，因这种砖可以根据砖墙需要组合成不同的厚度，如经常称呼的一砖墙即240mm 厚，1.5 砖墙（一砖半墙）即 370mm 厚，0.5 砖墙（半砖墙）即 120mm 厚。一般围护墙均考虑选择不同厚度的小型砌块或轻质墙板，因为它不论多厚只要能满足保温、隔音功能即可。

第 2-18 问 常用水泥有哪些品种？它由哪些成分组成？

常用水泥的品种有硅酸盐水泥、普通硅酸盐水泥、矿渣硅

酸盐水泥、火山灰质硅酸盐水泥、粉煤灰硅酸盐水泥、复合硅酸盐水泥等。它们必须符合国家标准《通用硅酸盐水泥》（GB 175—2007）的要求。它们的组成成分见表2-7。

表2-7　水泥的品种及组成成分

品种类型	组成成分
硅酸盐水泥	凡由硅酸盐水泥熟料、0~5%石灰石或粒化高炉矿渣、适量石膏磨细制成的水硬性胶凝材料称为硅酸盐水泥。它分为两种类型：不掺加混合材的水泥，代号P·Ⅰ；掺入不大于5%的混合材的水泥，代号P·Ⅱ。
普通硅酸盐水泥	凡由硅酸盐水泥熟料、5%~15%混合材、适量石膏磨细制成的水硬性胶凝材料称为普通硅酸盐水泥。代号P·O
矿渣硅酸盐水泥	凡由硅酸盐水泥熟料和粒化高炉矿渣、适量石膏磨细制成的水硬性胶凝材料称为矿渣硅酸盐水泥。代号P·S
火山灰质硅酸盐水泥	凡由硅酸盐水泥熟料和火山灰质混合材、适量石膏磨细制成的水硬性胶凝材料称为火山灰质硅酸盐水泥。代号P·P
粉煤灰硅酸盐水泥	凡由硅酸盐水泥熟料和粉煤灰、适量石膏磨细制成的水硬性胶凝材料称为粉煤灰硅酸盐水泥。代号P·F
复合硅酸盐水泥	凡由硅酸盐水泥熟料、两种或两种以上规定的混合材料、适量石膏磨细制成的水硬性胶凝材料称为复合硅酸盐水泥。代号P·C

第2-19问　水泥在使用和管理时要注意什么问题？

《通用硅酸盐水泥》（GB 175—2007）中规定：凡水泥的凝结时间、安定性、强度中的任一项低于标准规定的，判定为不合格品。不合格品不能在工程中应用。

同一生产厂，同一品种，但不同强度等级的水泥，不能不经过试验直接使用。

不同生产厂，同品种水泥不宜混用。

不同品种、不同强度等级的水泥贮罐一定要有明显的标识。注意不能将强度等级低的水泥放入高强度等级的水泥贮罐中，更不能将粉煤灰、矿粉等错放入水泥贮罐中。

第2-20问　什么叫砌筑砂浆？它的作用是什么？

砌筑砂浆是由胶凝材料（常用水泥、石灰）、细骨料（常用砂子）、掺合料（常用石膏粉、黏土膏、电石膏）和水，按一定比例配置而成。

砌筑砂浆的作用有以下几方面：

1）把不同的块体（砖、石）黏结成整体，起胶结作用。

2）抹平砌体表面使其均匀受力，起承载和传力作用。

3）填实缝隙，起到保温、隔音、密封作用。

第2-21问　常用的砌筑砂浆有几种？它们的优缺点是什么？

常用的砌筑砂浆有两种，即水泥砂浆和混合砂浆。

（1）水泥砂浆　水泥砂浆由水泥和细骨料配置而成，是砂浆中无任何掺合料的纯水泥砂浆。它的优点是具有较高的强度和耐久性，不怕潮湿，一般用于地下砌体中。水泥砂浆的缺点是稠度差，成本也高。

（2）混合砂浆　混合砂浆由水泥、细骨料、掺合料和水配置而成。混合砂浆具有一定的强度、耐久性，稠度好，但因它里面有一定的掺合料，所以防潮性能稍差。混合砂浆一般用于地上建筑砌体中。

第2-22问　对砂浆中的水泥和细骨料有什么要求？

（1）水泥　使用专用的砌筑水泥或强度等级不超过32.5级的水泥。另外水泥应按强度、不同品种、出厂日期分别堆放，并且要保持干燥。存放已超过三个月时，应进行复试。

（2）细骨料　砌筑砂浆宜用中砂，毛石砌体宜用粗砂。砂子均要过筛，不得含有草根及杂物，并要对砂子中的含泥量进行检测。

第 2-23 问　对砂浆中的掺合料及外加剂有什么要求？

1）石灰膏：用块状生石灰熟化石灰膏时，熟化时间不得少于 7d，并应用孔径不大于 3mm×3mm 的网过虑；用建筑生石灰粉熟化时，熟化时间不得少于 2d；严禁使用脱水硬化的石灰膏。

2）石粉：粒径不大于 0.075mm，含泥量要求同砂的质量要求。

3）粉煤灰：符合《用于水泥和混凝土中的粉煤灰》（GB 1596—2005）要求。

4）早强剂、缓凝剂和防冻剂以及为了改善砂浆稠度等的外加剂，其掺量也应该通过试验确定。

掺合料及外加剂应具有相应的合格试验报告，并经检验和试验合格后方可使用。

第 2-24 问　对砂浆中的用水有什么要求？

一般应采用饮用水或中水，但水质必须符合行业标准《混凝土用水标准》（JGJ 63—2006）的规定。严禁用海水和废水配置砂浆。

第 2-25 问　对砌筑砂浆的各种技术要求有哪些？

砌筑砂浆的强度应通过对现场制作养护的三组试块的检测来确定。水泥砂浆及预拌砌筑砂浆的强度等级可分为 M5、M7.5、M10、M15、M20、M25、M30；水泥混合砂浆的强度等级可分为 M5、M7.5、M10、M15。

砌筑砂浆的稠度应按表2-8中的规定选用。

表2-8　砌筑砂浆的施工稠度

砌体种类	施工稠度/mm
烧结普通砖砌体、粉煤灰砖砌体	70~90
混凝土砖砌体、普通混凝土小型空心砌体、灰砂砖砌体	50~70
烧结多孔砖砌体、烧结空心砖砌体、轻集料混凝土小型空心砖砌体、蒸压加气混凝土砌块砌体	60~80
石砌体	30~50

第2-26问　砌筑砂浆在现场搅拌前应注意哪些事项？

1）首先对计量装置进行校对。

2）对各种配合比进行检查，各种材料应采用质量比，水泥及有机塑化剂的计量误差控制在±2%以内，其他的一般控制在±3%以内。

3）水泥砂浆中的水泥用量不应少于200kg/m^3，因为水泥太少，砂浆的稠度和稠度分层度就无法保证，砂浆的稠度也差。

4）混合砂浆中水泥和掺合料的总量宜为300~350kg/m^3。

第2-27问　搅拌水泥砂浆和混合砂浆时应注意哪些问题？

搅拌水泥砂浆时应先将砂和水泥进行干搅拌，然后加入水进行搅拌。

搅拌混合砂浆时应先砂和水泥或粉煤灰（如果有粉煤灰）及部分水进行搅拌，然后加入石灰膏和水进行搅拌。

第 2-28 问　现场搅拌砂浆时，还应注意哪些共性问题？

1）检查搅拌机运转正常，计量器件齐全、准确。

2）砂浆配合比应由试验室提供，不得套用且应公示。

3）必须备好砂浆试模。

第 2-29 问　怎样提高砂浆的保水性？

为了使砂浆具有较好的保水性，可在砂浆中掺入石灰膏、石粉、膨润土或有机塑化剂（如纤维素醚、微沫剂等）。具体掺量应通过试验确定。

第 2-30 问　什么叫商品砂浆？它有几大类型？

商品砂浆是由工厂集中生产，直接供现场使用的砂浆。商品砂浆一般分为两大类：

一类为干混砂浆，这是将砂浆中的各种材料，在工厂加工成一种固态混合物，直接送到现场后，在现场再加水搅拌成砂浆使用，其包装分为袋装和散装两种，现场须设置搅拌设备。目前砂浆生产厂一般提供干混砂浆储存罐，罐上配置了加水搅拌的机构，这样就解决了现场搅拌问题。

另一类叫湿拌砂浆，这是先将砂浆中的各材料在工厂里搅拌好，然后运输至施工现场供人直接使用。但施工现场往往对砂浆用量控制不准，容易造成砂浆积压浪费。

第 2-31 问　使用商品砂浆有哪些优越性？

1）商品砂浆使用后施工现场粉尘污染大大减小，工人的劳动条件得到明显改善。

2）保证了砂浆的搅拌质量。配合比经过生产厂系统试验，同时解决了施工现场计量不准确的问题，砂浆搅拌质量均匀。

3）改善了现场文明施工条件。使用商品砂浆后，除了省却大片的材料堆放场地外，也减轻了运输道路的压力。

第 2-32 问　商品砂浆的类别代号是什么，它又是怎样标记的？

商品砂浆可分为湿拌砂浆和干混砂浆，它们的分类和代号见表 2-9~表 2-12，标记形式如图 2-2、图 2-3 所示。

表 2-9　湿拌砂浆分类

项目	湿拌砌筑砂浆	湿拌抹灰砂浆	湿拌地面砂浆	湿拌防水砂浆
强度等级	M5、M7.5、M10、M15、M20、M25、M30	M5、M10、M15、M20	M15、M20、M25	M10、M15、M20
抗渗等级	—	—	—	P6、P8、P10
稠度/mm	50、70、90	70、90、110	50	50、70、90
凝结时间/h	≥8、≥12、≥24	≥8、≥12、≥24	≥4、≥8	≥8、≥12、≥24

表 2-10　湿拌砂浆代号

品种	湿拌砌筑砂浆	湿拌抹灰砂浆	湿拌地面砂浆	湿拌防水砂浆
代号	WM	WP	WS	WW

表 2-11　干混砂浆分类

项目	干混砌筑砂浆		干混抹灰砂浆		干混地面砂浆	干混普通防水砂浆
	普通砌筑砂浆	薄层砌筑砂浆	普通抹灰砂浆	薄层抹灰砂浆		
强度等级	M5、M7.5、M10、M15、M20、M25、M30	M5、M10	M5、M10、M15、M20	M5、M10	M15、M20、M25	M10、M15、M20
抗渗等级	—	—	—	—	—	P6、P8、P10

表 2-12　干混砂浆代号

品种	干混砌筑砂浆	干混抹灰砂浆	干混地面砂浆	干混普通防水砂浆	干混陶瓷砖粘结砂浆	干混界面砂浆
代号	DM	DP	DS	DW	DTA	DIT
品种	干混保温板粘结砂浆	干混保温板抹面砂浆	干混聚合物水泥防水砂浆	干混自流平砂浆	干混耐磨地坪砂浆	干混饰面砂浆
代号	DEA	DBI	DWS	DSL	DFH	DDR

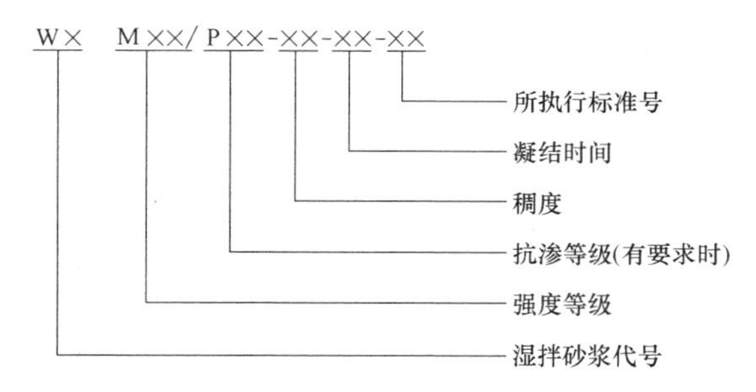

图 2-2　湿拌砂浆标记

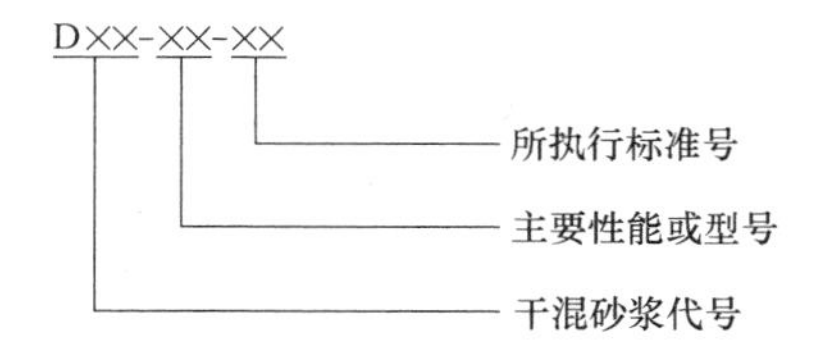

图 2-3　干拌砂浆标记

第 2-33 问　使用商品砂浆应注意哪些问题?

1）在现场要准备专用储存砂浆的器具。

2）干混砂浆随拌随用，参考说明书，一般要在 3~4h 内使用完，当最高温度超过 30℃时不宜超过 2~3h。

3）湿拌砂浆使用时间，可根据生产厂掺入的缓凝剂品种数量而定。使用一段时间后砂浆稠度降低，可在施工现场技术负责人确定许可下，适当加水搅拌“重塑”后使用，但只能“重塑”一次。湿拌砂浆应当天使用完毕。

4）冬期施工应采取保温措施，防止砂浆受冻。

第三篇

操作工艺

本篇内容提要

本篇分为四个部分：第一部分主要介绍砌筑的操作方法，重点介绍了“三·一”砌筑法；第二部分主要介绍从基础到墙体砌筑全过程中的工艺流程；第三部分侧重介绍了砌块的施工工艺及施工中注意的事项；第四部分简单介绍铺砌地面的施工要领。

第 3-1 问　怎样当好一名砌筑工？

（1）要有光荣感　要当好一名砌筑工，首先要对自己从事的砌筑行业有一种光荣感，因“住”是人类四大需求（衣、食、住、行）之一，而住又离不开砌筑工。成语“能工巧匠”中的“匠”，即为铁、铜、木、瓦、石五大匠，砌筑工就对应其中的“瓦匠”，所以砌筑工是一个很光荣行业。

（2）要有技术感　过去跟师傅学手艺要三年时间，现在不拜师傅了，需要通过自学成才。

（3）要有责任感　即要把好质量关。地震中很多墙因砌体质量不好而倒塌。

（4）要有成就感　当一栋栋高楼大厦树立在城市，汇成一曲曲的无声音乐时，你一定会感到自豪。

（5）要有道德感　即要具有职业道德，尤其在质量上，千万不能马虎迁就。

第 3-2 问　作为一名砌筑工，在砌筑中要掌握的要领是什么？

在砌筑工程中要掌握的要领是：砂浆饱满、横平竖直、上下左右错缝、预埋留槎准确。

第 3-3 问　普通砖常用的组砌方法有哪些？其优缺点是什么？

标准普通砖的外形尺寸均为 240mm×120mm×53mm，可适用不同的组砌方法。如砌一砖墙常用的组砌方法有三种：一顺一丁；梅花丁；三顺一丁（见图 3-1）。但不论怎么组合，它们的共同点是必须做到上下左右错缝。

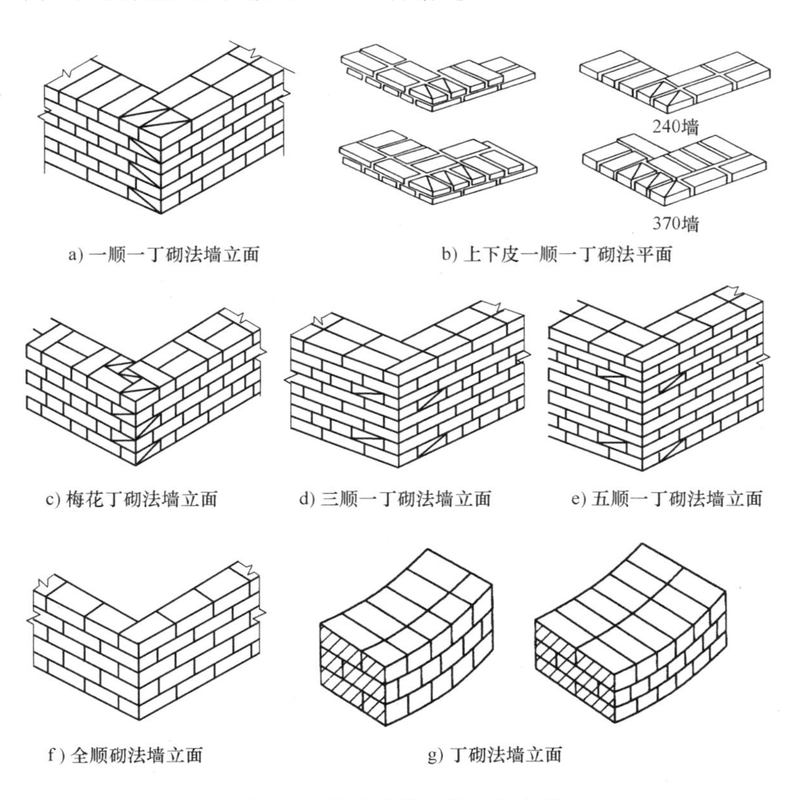

图 3-1　标准砖的各种组砌方法

由于一顺一丁操作简单，容易做到上下左右均错缝，组合好，因此是工地经常采用的组合形式。梅花丁和三顺一丁的优点是墙面较平整美观，但它的内部错缝搭接没有一顺一丁好，从图 3-1 中就可看出三顺一丁就出现内部中间上下三块砖同缝，故一般不常采用。

第 3-4 问 砌筑标准普通砖的操作方法有哪几种？应采用什么方法为好？

砌筑标准普通砖的操作方法大致有以下几种：

1）“三·一”砌筑法。

2）“二三八一”砌筑法。

3）铺灰法。

4）满刀灰刮浆法。

不论采取什么操作方法，其目的都是尽可能地又快、又饱满地用砂浆将砖黏结在一起。

第 3-5 问 什么叫“三·一”砌筑法？它的优缺点是什么？

“三·一”砌筑法又称铲灰挤砌法，其基本操作要领是“一铲灰、一块砖、一揉压”（见图 3-2）。

“三·一”砌筑法的操作步骤为：取砖→铲灰→铺灰→揉砖→剩灰处理。

取砖和铲灰最好一起操作，这样可以少弯一次腰。一个砌筑工一天要弯腰上千次，少弯一次腰可节约时间。铲灰的数量比一块砖的用灰量稍微多一些即可。

操作的关键是铺灰和揉砖。铺灰动作可分为甩、溜、丢、扣等（见图 3-3），铺灰的长度约比砖长 10~20mm，并要与前

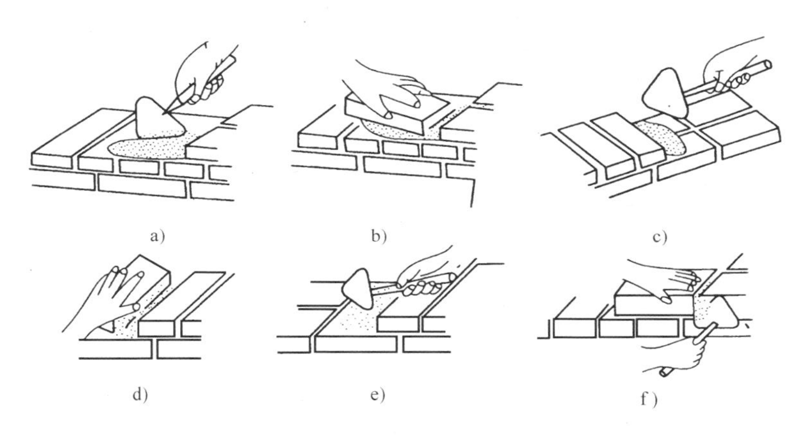

图 3-2　“三·一”砌砖法示意图

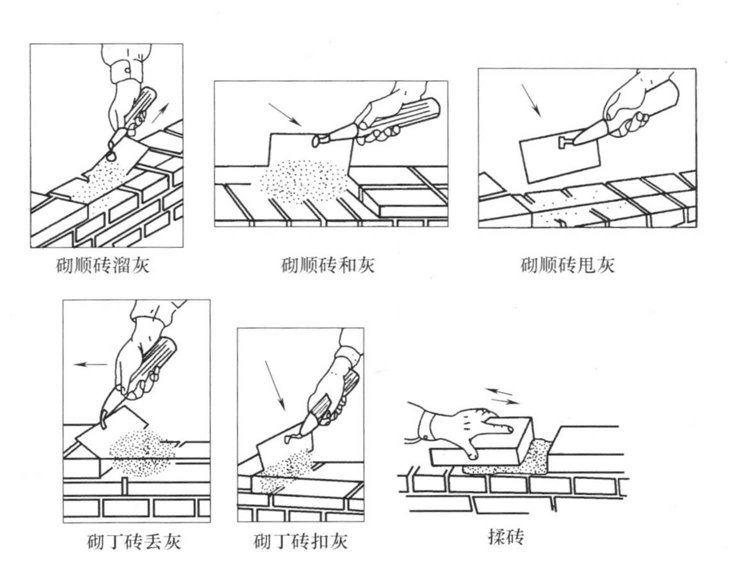

图 3-3　铺灰和揉灰

一块砖的砂浆对接上，宽约 80~90mm，砂浆离墙面的距离约 20mm，以使揉砖时不会挤出砂浆，污染墙面。

揉砖要注意以下几点：

1）将砖放在离已砌好砖的 30~40mm 处。

2）上边看线，下边看墙面，平放、轻放、轻揉。

3）砂浆簿时用力小些，反之，用力大些，目的是使砂浆饱满。

4）一直揉至下齐砖棱、上齐线。

5）将剩余的砂浆放在竖缝中或放还灰槽内。

“三·一”砌筑法的优点是：由于铲的灰相当于一块砖的用量，并随用随揉，因此灰缝容易饱满，黏结力强，能保证砌筑质量，挤出的少量砂浆随时清理，墙面比较干净。

“三·一”砌筑法的缺点是：个人单干，操作时弯腰的次数多，效率较低。

第 3-6 问　什么叫“二三八一”砌筑法？它的优缺点是什么？

“二三八一”砌筑法是在“三·一”砌筑法的基础上将砌筑操作中的各种肌肉动作更加科学地调整好，因为砌筑是一项具有技巧性的体力劳动，它涉及操作者的手、眼、身、腰、步五个方面肌肉的复合动作。

“二三八一”砌筑法中，“二”是指两种步法，即丁字步和并列步；“三”是指三种弯腰身法，即侧身弯腰、丁字步弯腰和正弯腰；“八”是指八种铺砂浆的手法，即在砌顺砖时用的甩、扣、泼、溜四种手法，和在砌丁砖时用的扣、溜、泼、一带二的四种手法；“一”是指挤浆、揉浆、刮余浆一气呵成。

这种砌筑方法将砌砖的各种最佳动作加以汇总、简化，达

到降低劳动强度，提高砌筑质量和效率的目的。

第 3-7 问 什么叫铺灰挤压法？它的优缺点是什么？

铺灰挤压法是用铺灰器将砂浆铺好一段后再进行挤浆砌砖的操作方法。

铺灰工具可以是灰勺、大铲或瓢式铺灰器等。挤浆可分为双手挤浆和单手挤浆两种。

铺灰挤压法的优点是：①由于用摊尺控制水平灰缝厚度，因此灰缝整齐，缩进深度一致；②墙面比较干净，砂浆损耗较少；③一次可同时铺砌好几块，弯腰次数也少，效率高。

铺灰挤压法的缺点是灰浆饱满度不易控制，竖缝不满，影响砌筑质量，因此目前较少采用。

第 3-8 问 什么叫满刀灰刮浆法？它的优缺点是什么？

满刀灰刮浆法是用瓦刀将砂浆刮到砖面上，然后进行砌筑的操作方法。刮浆有两种：一种是将砖底面全部刮满；一种是只刮四周，中间留着（见图 3-4）。

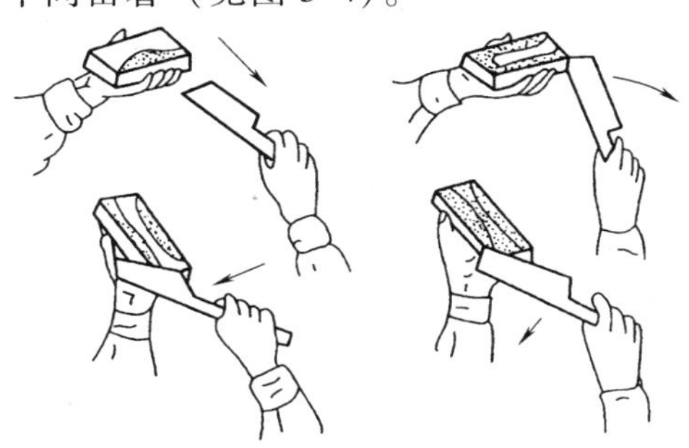

图 3-4 满刀灰刮浆法

满刀灰刮浆法因为采用满刮灰，所以砂浆饱满，但它的效率低，一般用于铺砌砂浆有困难的部位，如砖拱、窗台虎头砖花墙、炉灶等处。

第3-9问 小型混凝土空心砌块如何砌筑？应注意哪些方面？

小型混凝土空心砌块一般是作为围护墙，通常根据墙的厚度来选择砌块，以顺砌为主，故只需考虑砌块上下错缝（孔）即可。

由于砌块的水平面空心占较大面积，水平缝的砂浆黏结面仅为2~3cm宽的“框面”，所以在铺砌水平灰时，一定要将“框面”（见图2-1a）的灰铺满。

小型混凝土空心砌块的立面较高，应采用“刮灰”，将立面打满挤压，不要留下空隙而导致墙体透光。

砌块应底面朝上反砌。

第3-10问 什么叫龙门板和控制桩？其作用是什么？

当砌砖（毛石）基础时，因为在基槽开挖时，原有的轴线桩要被清除，需要重新进行轴线定位，所以设置龙门板，以便在基础及底层施工时，控制建筑物的轴线位置。为了防止龙门板位移而造成轴线误差，须在龙门板外侧设置控制桩。也就是说，龙门板和控制桩是用来控制砖墙的轴线位置和标高的(见图3-5、图3-6。)

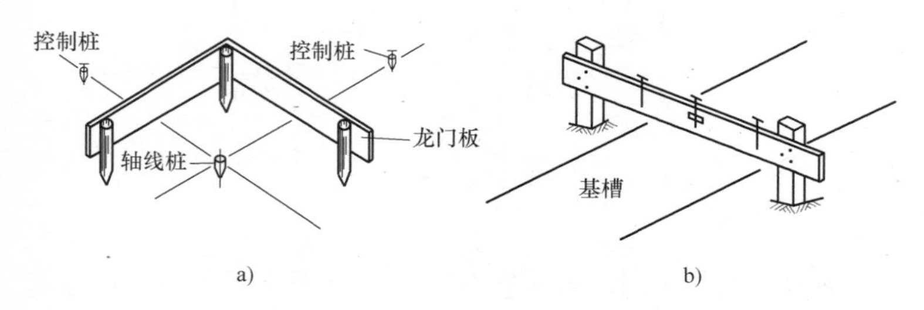

图3-5 龙门板和控制桩示意图

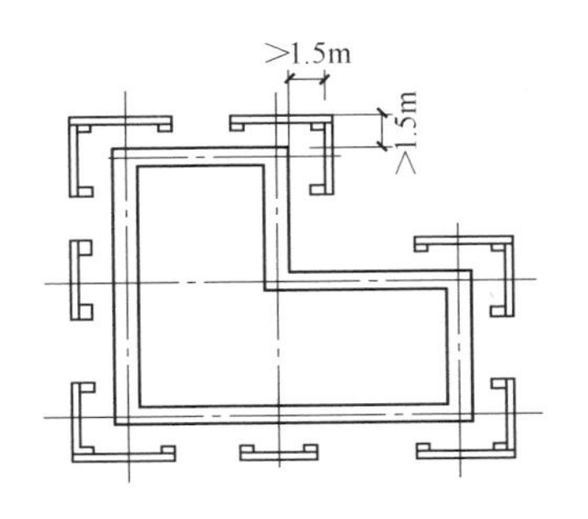

a) 基础放线

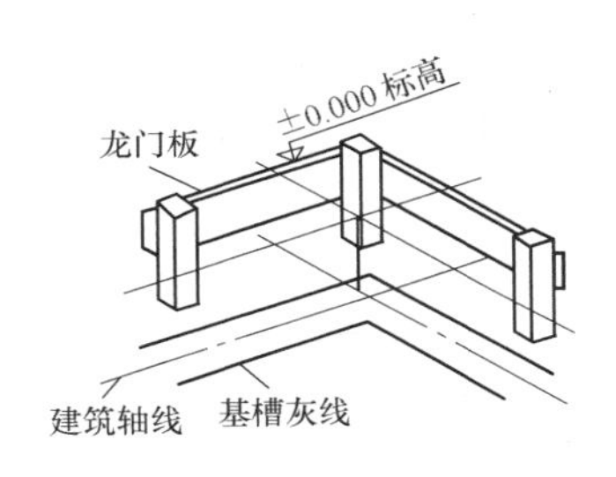

b) 基础引线

图 3-6　基础放线引线示意图

第 3-11 问　什么叫皮数杆？怎样立皮数杆？

皮数杆又称线杆，用于保证墙面平整，控制楼层和洞口标高，以及保证灰缝厚度一致，是瓦工砌墙时竖向尺寸挂线的依据。因此，在皮数杆上均要标上±0.000 点（或楼层地面标高）、门窗洞口、圈梁、楼梯、平台、预留洞、预埋件等的标高，如图 3-7 所示。

皮数杆的立法如下：

1）皮数杆一般采用 50mm×70mm 的方木，木方长度应略高于一个楼层的高度，基础部分由±0.000 向下画到垫层顶面，基础以上由±0.000 向上画到第二层地面上（平房画到檐口）。

2）皮数杆上的每格尺寸由两部分组成：一部分是砖的厚度（取十块砖的平均厚度）；一部分是灰缝的厚度，一般取 10mm（冬期施工时取 8mm）。

3）当采用外脚手架砌筑时，皮数杆立在墙外侧，当采用里脚手架砌筑时，皮数杆立在墙内侧。

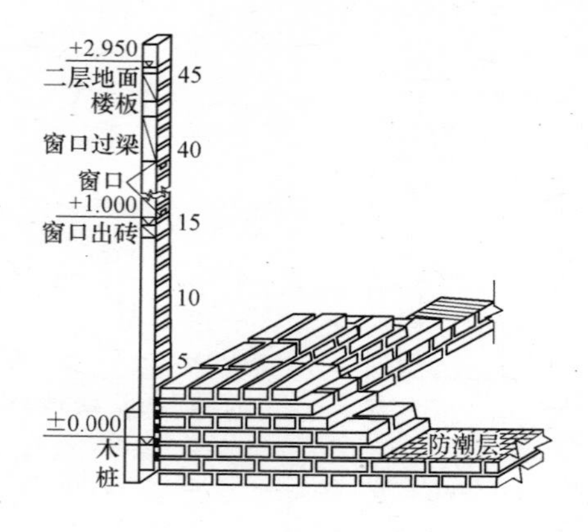

图 3-7　墙身皮数杆

4）皮数杆应立在墙的四个大角及纵横墙交错处（见图 3-8）。当外墙较长时，应每隔 10~15m 竖立一根。

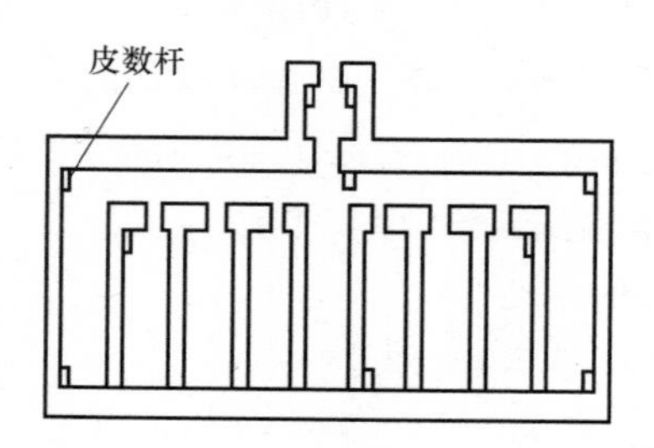

图 3-8　皮数杆的设立

5）各皮数杆都应立在同一标高上，并要检查复核皮数杆上的±0.000 点的标高。

6）皮数杆架立后，应从两个方向用斜撑支住皮数杆或用锚钉加固，以确保其垂直度。每次砌筑前应检查一遍皮数杆的垂直度和牢固程度。

第3-12问　皮数杆上遇到窗口时怎样画？

在皮数杆上画窗口的尺寸时，窗框的上口与过梁之间留10～15mm的空隙，窗框的下口与窗台砖之间留25～30mm的空隙（见图3-9）。这些空隙是为了防止以后抹灰时捻框。窗台砖之间的空隙稍大是为了以后抹灰时给外窗台留出一个排水坡度。

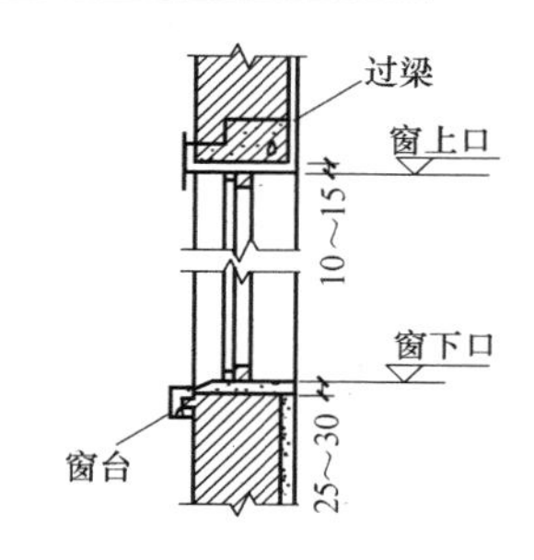

图3-9　窗上口、窗下口的做法

第3-13问　什么叫盘角？盘角时应注意哪些问题？

盘角又称立头角、把大角、升砖等，是在大面积砌墙时，先由技术较好的高级瓦工将四个墙角砌起不超过五层砖的高度。

盘角时应注意以下几个问题：

1）凡用于盘角的砖一定要选好砖，即砖的至少两个侧面是成直角，并且头角垂直，以保证墙角均在一条线上。砖角的两个侧面还应平整光滑。

2）盘角砌完每层（或不大于三层）砖后，必须用线坠和靠尺与线杆进行校对，并及时修正。

3）每个墙角一般两侧按五层甩坡槎。

4）砍砖（七分头）的规格长度应一致。

第3-14问　砌墙时为什么要挂线？挂线时应注意哪些问题？

砌墙必须跟“线”走。挂线有两种法：

一种是根据皮数杆来挂线，即当砌完盘角砖后就开始挂线，这是砌外墙时常用的挂线方法。挂线以两头墙角（边）的线杆作为起点。挂线方法是在两头用线坠将线绷紧，如发现中间有塌线，可在中间垫一块砖，如图3-10a所示。

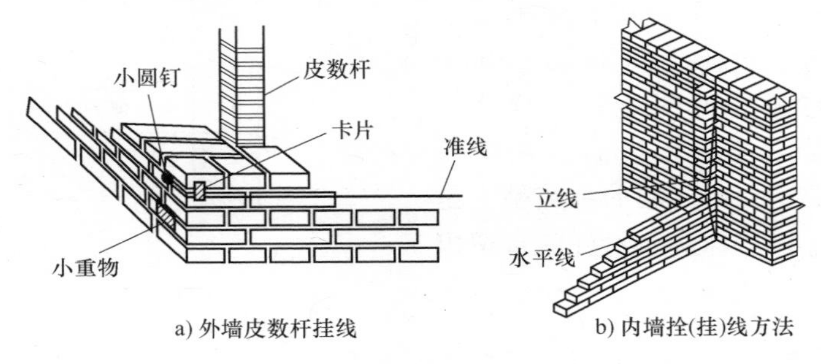

a) 外墙皮数杆挂线　　b) 内墙拴(挂)线方法

图3-10　挂线方法

另一种叫拴（挂）线，一般用于砌内墙时，因为两头均已有砌好的墙，这时只要把线的两头紧紧地拴（挂）住在钉入已砌墙的灰缝中的圆钉上。或在已砌墙上沿拟砌内墙一侧边线挂立线，水平准线拴在立线上，随着砌筑高度向上移动，如图3-10b所示。

拴（挂）线时应注意以下事项：

1）挂外墙线时，两头砌盘角的师傅要经常用眼"穿线"，特别当到各预留洞口（件）时，一定要提前打招呼。

2）经常检查水平缝厚度和墙面垂直度，即所谓"三层一吊，五层一靠"，并要及时校正。

3）拴线时，要首先检查两头的墙面（或留槎）是否有问题，尤其是垂直度及水平灰缝。

4）砌一砖墙时可以单面挂线，砌1.5砖以上时应双面挂线。

第 3-15 问　砌砖基础前应做哪些准备工作？

1）基槽或基础垫层已完成，并办理完隐蔽验收手续。

2）龙门板（桩）、皮数杆已设置完毕并经过有关人员校核无误。

3）当第一层砖的水平灰缝超过 20mm 时，应用细石混凝土找平。

4）基槽无积水，安全防护已完成。

5）基底标高不同时，应从低处砌起，并从高处向低处搭接砌筑，搭接长度不应小于基础扩大部分的高度。

6）脚手架应随砌随搭，运输道路应畅通，各类机具应准备就绪。

第 3-16 问　砖基础砌筑方法是怎样的？有哪些注意事项？

砖基础可分为条形基础（用在砖墙下面）和独立基础（用在砖柱下面）两大类。砖基础由基础墙和大放脚两部分组成。砖基础与上面砖墙的分界是以防潮层为分界线。

基础的下面一般设有垫层。垫层有两个功能，一是起找平作用；一是在上面可进行放线。

砖基础的砌筑顺序为：检查放线→垫层标高修正→排砖撂底→砌大放脚（收退）→砌墙身→抹找平层（防潮层）。

砌砖基础施工应注意以下事项：

1）检查龙门板、控制桩及基础皮数杆，皮数杆上应标志大放脚各台阶的尺寸、防潮层标高和地面的标高。

2）当基础垫层高低不平且缺陷大于 20mm 时，要用细石混凝土找平。宽度小于大放脚 50mm 的部分也要进行修补。

3）大放脚的转角及檐墙和山墙相交的接槎部位应按图

3-11施工。

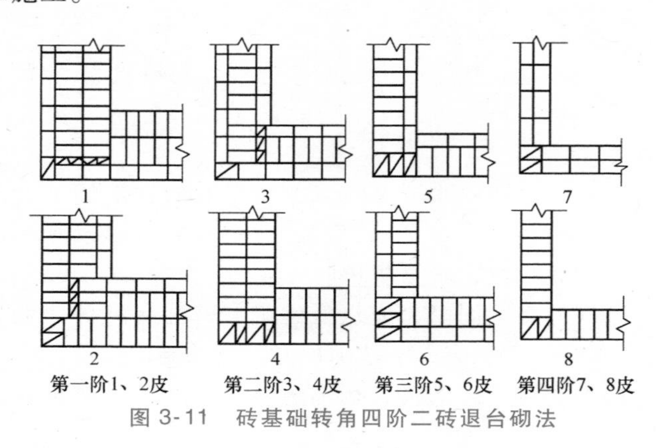

图 3-11　砖基础转角四阶二砖退台砌法

4）砖基础大放脚的收退可采用等高式或不等高式两种方法砌筑（见图 3-12）。

5）大放脚收退应遵照“退台压顶”的原则，即大放脚的最下一皮及每一台阶的顶面应以丁砖为主。

6）大放脚砌到最上皮后，要把基础墙的中心线及时引上，以保证上面墙体的位置准确。

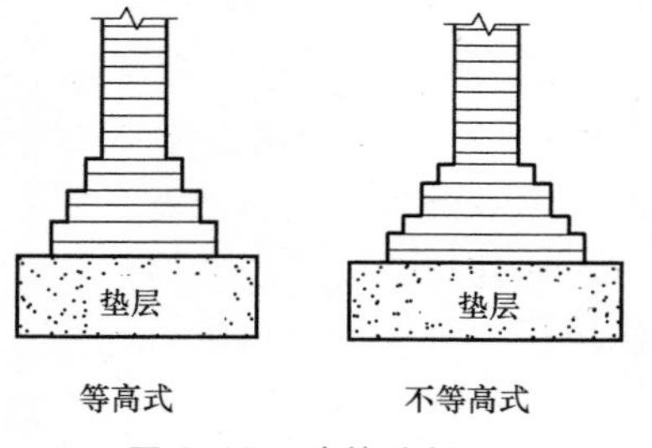

图 3-12　砖基础剖面

7）砌完基础后，要及时抹防潮层。

8）基础砌完后，要及时双侧同时回填土，然后方可进行墙身砌筑。

第 3-17 问　毛石基础砌筑前有哪些准备工作？

1）选料时要剔除风化石及长度小于 150mm 的毛石。

2）石材表面的泥土要冲洗干净，冬期施工要清除表面的霜雪，夏期施工要注意用水湿润。

3）毛石搬运的道路要求平整、坚实、宽敞，不应有较大的坡度。

4）通过基槽的运输道路必须搭架子。

第 3-18 问　毛石基础的砌筑程序是怎样的？有哪些注意事项？

毛石基础的砌筑程序：检查放线→垫层标高修正→摞底→砌墙身（收退）→表面抹平。

毛石基础砌筑时应注意以下事项：

1）检查基槽尺寸，当发现基槽内有积水、泥污时，应排除后回填碎石加固。

2）立皮数杆并检查垫层标高及轴线位置（见图 3-13）。

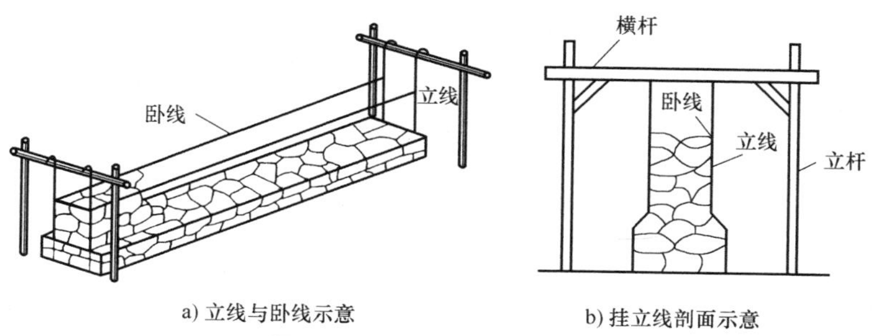

a) 立线与卧线示意　　b) 挂立线剖面示意

图 3-13　毛石基础砌筑挂线

3）先将大石块干铺一层，处里好基础大放脚转角及两墙相交的接槎。

4）为了保证毛石墙的整体性，每隔 1m 左右必须砌一块横贯墙身的拉结石。

5）不得在外墙或纵横墙的结合处留槎。

6）遇到沉降缝时，应用木板隔开，分成两段砌筑。

7）毛石基础上表面应用平整、直长的毛石砌块砌筑，顶面一般用细石混凝土找平。

第3-19问　砌砖墙前的准备工作有哪些？

1）复核内外墙的轴线和墙身厚度。

2）熟悉各门窗洞口尺寸及预埋件的位置。

3）对使用的砖、预埋件、拉结筋的外形尺寸及质量进行检查；对已复试合格的砖提前1～2d浇水润湿。

4）确定灰槽及堆砖的位置。第一个灰槽一般放在距离墙角600～800mm处，离墙净距约500mm，顺向一般每1.3～1.5m放置一个，遇到门窗洞口时距离可适当调整。砖和灰槽平面布置如图3-14所示。

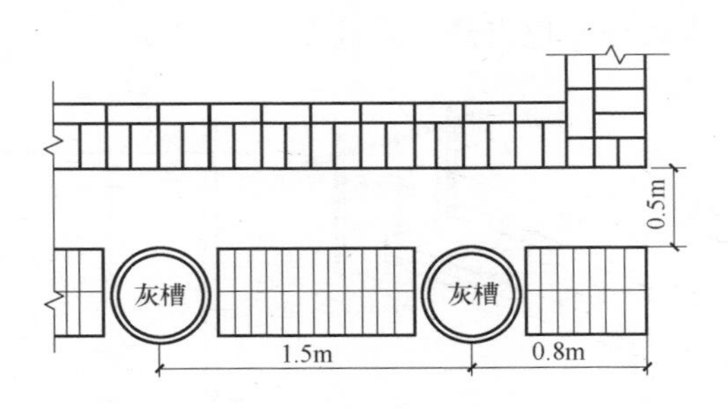

图3-14　砖和灰槽平面布置

5）检查架子的安全，重点是检查跳板的搭接，防止“探头”跳等。

第3-20问　怎样浇砖才符合要求？

砖墙砌筑前用水润湿砖，是防止干燥的砖吸水，干燥的砖

吸水会降低砂浆流动性，增加砌筑困难，影响砖与砂浆的黏结力，降低砌体强度和砂浆强度。

常温下应提前一天或半天浇水润湿砖。润湿程度，以将砖断开还有15~20mm干芯为宜。浇水过多，砖表面有水膜，易出现砂浆浮滑坠落现象。

冬期施工不宜浇水，因为浇水后砖表面会形成一层冰膜，影响砂浆的黏结力。

第3-21问　砖墙在撂底（摆砖）时应考虑哪些问题？

撂底（摆砖）就是按照基底尺寸和已定的组砌方式，不用砂浆，把砖在一个长度内整个干摆一层。摆砖时应考虑以下方面：

1）确定墙上的门窗洞口及内外墙交接处是否赶上砍砖。

2）计算竖缝的宽度少，确定墙面的错缝是否合理。

3）应保持上下楼层的砌法基本不变（尤其是清水墙），一般情况下，上下楼错缝不超过60mm。

4）当砌顺砖层出现1/2砖时可加入一块丁砖，当顺砖出现1/4砖时，可增加一丁和一个七分头。

5）门窗的两侧要对称砌筑。

第3-22问　砌筑砖墙时应注意哪些问题？

1）无论选择何种操作方法，铺浆长度不得超过750mm（即三块顺砖的长度）。

2）砌筑中要做到“上跟线，下跟棱，左右相邻要对平”。

“上跟线”是指砖的上棱与准线始终保持1mm距离，这样一旦碰到准线时，准线的颤动会提醒操作者及时发现误差。

“下跟棱”是指在砌上层砖时，要与下层砖的上棱对齐，这样可以确保墙面垂直平整。

“左右相邻要对平”是指前后左右的位置要准确，在揉砖时，要将砖揉平揉正，特别要注意竖缝不要“游”走了，水平灰缝也不要起“波浪”。

3）经常检查砌筑的质量，认真做到“三层一吊，五层一靠”。因砂浆在1h以内，砖稍微有些移动，并不影响整个砌体的质量，这时发现问题，通过校正还来得及。

4）一砖墙如采用一顺一丁组砌时，每层墙最顶面上的一皮砖应砌成丁砖。

5）砖墙每天的砌筑高度一般不超过1.5m。墙和柱的允许自由高度见表3-1。

表3-1　墙和柱的允许自由高度　（单位：m）

墙(柱)厚/(mm)	砌体密度>1600kg/m^3			砌体密度1300~1600kg/m^3		
	风载/(kN/m^2)			风载/(kN/m^2)		
	0.3(约7级风)	0.4(约8级风)	0.5(约9级风)	0.3(约7级风)	0.4(约8级风)	0.5(约9级风)
190	—	—	—	1.4	1.1	0.7
240	2.8	2.1	1.4	2.2	1.7	1.1
370	5.2	3.9	2.6	4.2	3.2	2.1
490	8.6	6.5	4.3	7.0	5.2	3.5
620	14.0	10.5	7.0	11.4	8.6	5.7

注：本表适用于施工相对标高（H）在10m范围内的情况。当$10m<H\leqslant 15m$，$15m<H\leqslant 20m$时，表中的允许自由高度分别乘以0.9、0.8系数；当$H>20m$时，应通过抗倾覆验算确定其允许自由高度。当所砌筑的墙有横墙或其他结构与其连接，而且间距小于表列限值的2倍时，砌筑高度可不受本表的限制。

6）留洞留槎等细部的砌法需注意的事项见第3-23问和第3-24问。

第 3-23 问 砖墙在留门窗洞时应注意哪些问题?

由于采光和使用的要求，砖墙上会留有门窗洞口，尤其是外墙上会留很多门窗洞口。准确地处理好这些洞口，对墙面的整体质量十分重要。因为地震发生时，往往门窗口及墙面接槎部位先开裂。门窗洞口的砌筑，要注意以下几个问题：

1）门窗洞口的两侧当先立框后砌砖时，要离开门窗框 3mm 左右，不得压框。

2）当先砌墙后立框时，一般洞口两侧均要让出 10~20mm 的安装误差。窗上下缝的留法，在上面第 3-12 问中已讲过了，这里不再重复。

3）门窗框两侧均要预埋“木砖”，以供固定门窗框之用。现在工地上大部分都用混凝土预制块代替木砖。当洞口高在 1.2m 以内时，每边两块木砖或预制块；高在 1.2~2m 时，每边三块；高 2~3m 时每边四块。预制块的上下间距宜与门窗加工单位事先沟通。

4）当采用砖过梁时，底模应在砌筑砂浆强度不低于设计强度 50%时，才可拆除。

第 3-24 问 砖墙在留槎时应注意哪些问题?

砌筑中必须留槎时，一般采用两种以下形式：

一种是留退槎，如图 3-15 所示。当采用普通标准砖时，退槎的长度不应小于高度的 2/3；当采用空心砌块时，退槎的长度不应小于高度的 1/2。

另一种是留直槎。当退槎施工有一定的难度时，例如砌内外墙交叉时，又如采用外脚手架砌外墙时，可采用直槎。但外墙的大角任何时候不得留直槎。

直槎留在顺墙上的要求如图 3-16 所示；直槎留在内外墙

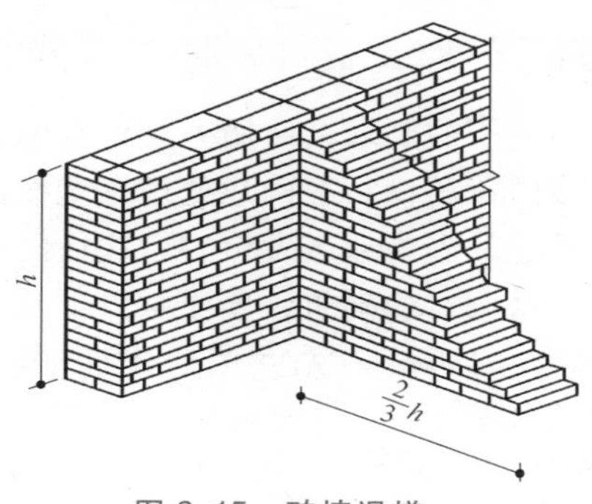

图 3-15　砖墙退槎

交叉处预埋筋要求如图 3-17 所示。

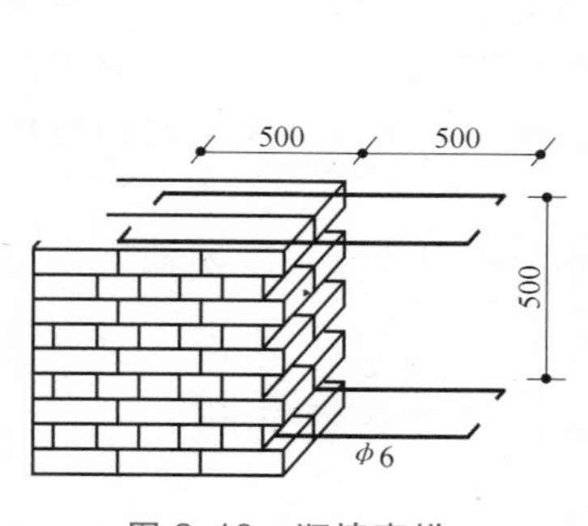

图 3-16　顺墙直槎

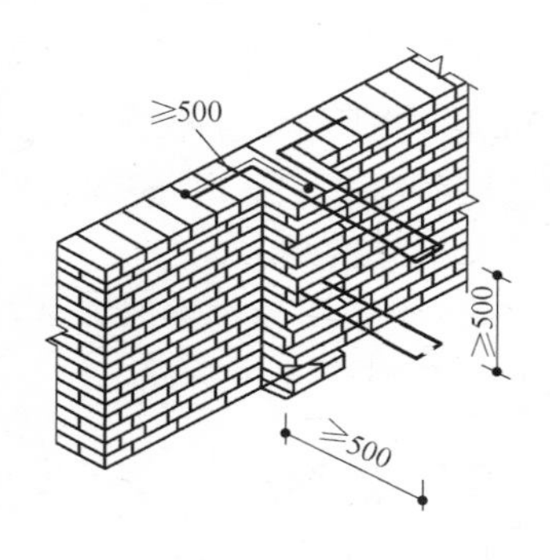

图 3-17　内外墙交叉处的直槎

砌接槎时，必须要把接槎处的剩余砂浆清理干净，并浇水湿润，填实砂浆，保持接槎处的灰缝厚度一致以及原墙面的整体性。

第 3-25 问　砌独立砖柱时应注意哪些问题?

独立砖柱一般均承受上部楼板或梁传来的集中荷载，独立

砖柱按断面形状一般可分为方形、多边形和圆形三种。

独立砖柱一般采用普通标准实心砖，强度不低于 MU10；宜采用水泥砂浆或混合砂浆，强度不低于 M5。

独立砖柱砌筑中应注意以下方面：

1）砌筑前，先通过皮数杆拉通线，检查柱子的中心线和边线是否在一条线上；找平基层，使柱的第一层砖都在同一标高上。

2）砖柱的正确的组砌方法如图 3-18 所示，不得采用图 3-19所示的组砌方法，以确保其整体性。

3）宜采用“三·一”砌筑法，四个柱角必须上下垂直，上下层柱应在一个垂直中心线上。

4）柱面上下皮竖缝应相互错开 1/2 砖长以上，柱芯无通天缝。严禁采用先砌四周、后填芯的砌法。

5）每天的砌筑高度不得超过 2.4m。太高由于砂浆受压会发生砌体变形，使柱子偏斜。砖柱的允许自由高度见表 3-1。

6）独立砖柱上不得留脚手眼。

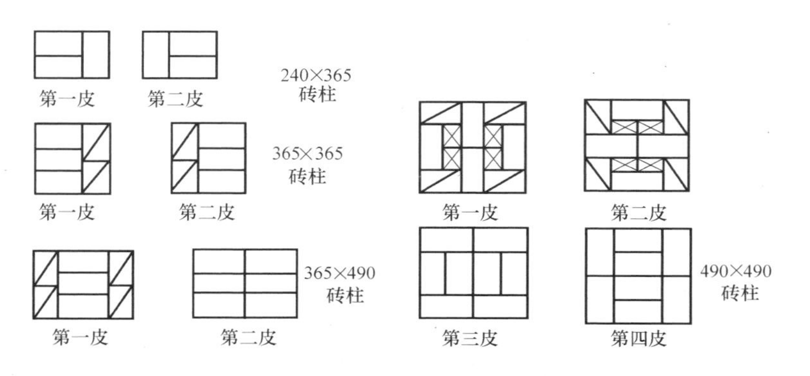

图 3-18　砖柱的组砌方法

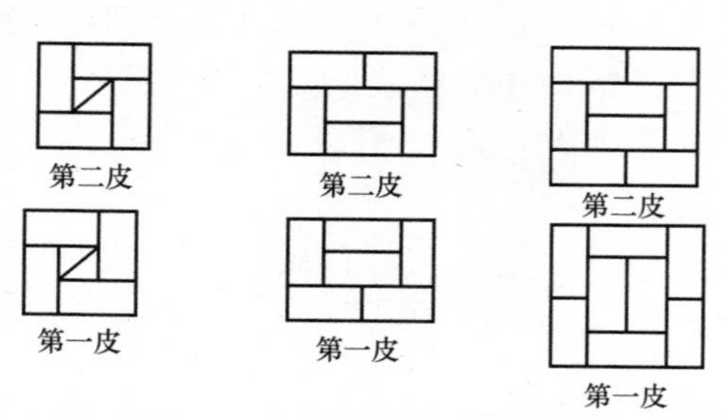

a) 365砖柱包心砌法 b) 370×490砖柱错误砌法 c) 490砖柱包心砌法

图 3-19 砖柱的错误砌法

第 3-26 问 砌砖垛时应注意哪些问题？

砖垛又称壁柱、附墙柱，它与墙体连在一起共同承受屋架、大梁传来的集中荷载，同时也增加墙体的刚度和稳定性。高大山墙常设置砖垛。

砖垛一般采用普通标准实心砖，强度等级不低于 MU10，砂浆强度等级不低于 M5。

砌砖垛时应注意的以下方面：

1）砌砖垛的操作方法基本上和砌墙一样，所不同的是组砌方法略有不同。砖垛的组砌方法如图 3-20 所示。

2）砖垛必须和砖墙同时砌筑，不得留槎。

3）同一道墙上的砖垛也必须拉通线，使墙体外侧保持在同一条直线上。

第 3-27 问 砌平拱式砖过梁时应注意哪些问题？

平拱式砖过梁又称平拱、砖平碹，它是用标准砖砖侧砌而成，上宽下窄，如图 3-21 所示。

砌平拱式砖过梁时应注意以下方面：

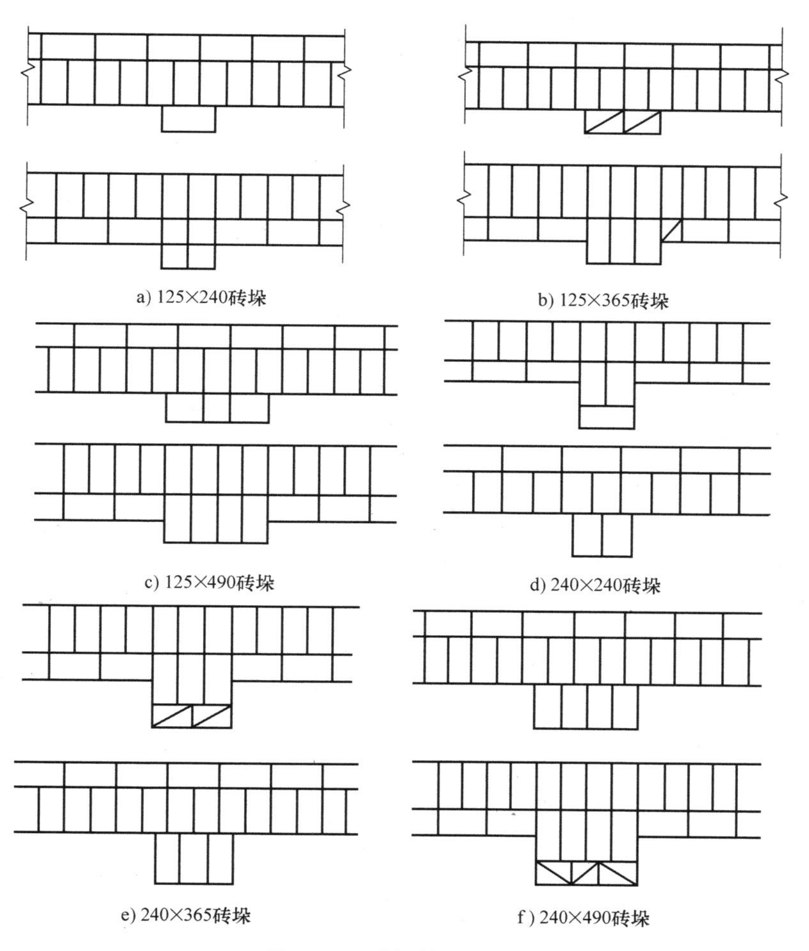

a) 125×240砖垛　b) 125×365砖垛

c) 125×490砖垛　d) 240×240砖垛

e) 240×365砖垛　f) 240×490砖垛

图 3-20　砖垛的组砌方法

1）砌平拱式砖过梁时，拱脚两边的墙端应砌成斜面，斜度为 1/6~1/4，两边对称砌筑。

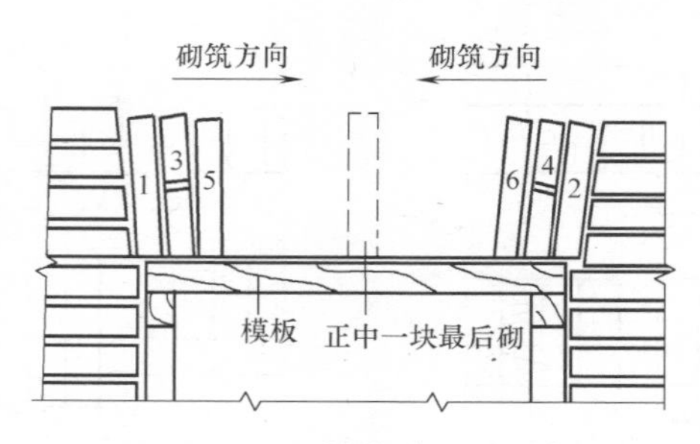

图 3-21　平拱式砖过梁示意图

2）砌平拱式砖过梁的立砖均为单数，即要留一块砖放在中心（锁砖）最后砌。

3）底模上要铺一层湿砂，中间厚 20mm，两端 5mm，以满足起拱高度达到 1%~2%的要求。

4）由于侧砌砖的上口大、下口小，当砌完"锁砖"后，要立即在上面灌满同标号砂浆。

5）拆模时间见表 3-2。

表 3-2　砖过梁拆模时间参考表

施工温度/℃	普通水泥/d	矿渣、火山灰水泥/d
5~10	15	25
11~15	9	15
16 以上	6	10

第 3-28 问　砌平拱式钢筋砖过梁时应注意哪些问题？

由于标准实心砖已很少，目前常用的是砌钢筋砖过梁（见图 3-22），其砌筑方法同墙身，但需在洞口的上部加钢筋。

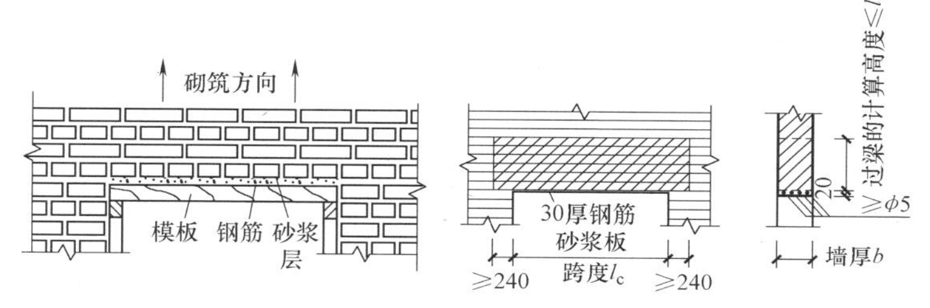

图 3-22　平拱式钢筋砖过梁

砌平拱式钢筋砖过梁时应注意以下方面：

1）一般配置直径 6~8mm 钢筋，间距不大于 120mm，钢筋的两端伸入墙内不少于 240mm。

2）砌筑时，先在模板上铺上一层 30mm 厚水泥砂浆，将钢筋放在砂浆中均匀摆开后，平砌一层丁砖。

3）当砌体强度达到 70%以上时，平拱式钢筋砖过梁方可拆模。

第 3-29 问　砌弧拱式砖过梁时应注意哪些问题？

弧拱式砖过梁又称弧拱、弧碹，它一般用于特殊的洞口上方，常作为装饰洞口（见图 3-23）。

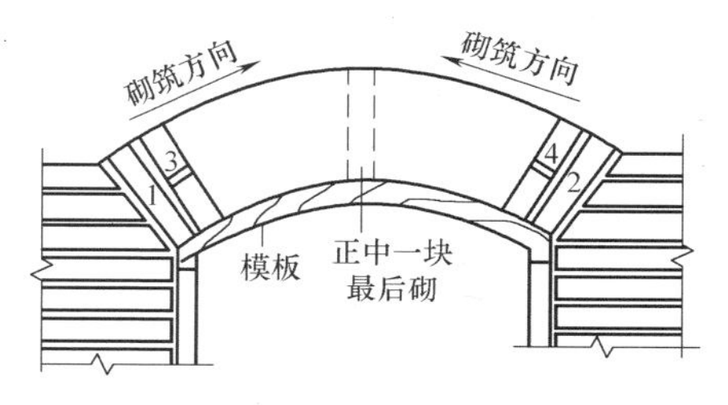

图 3-23　弧拱式砖过梁

砌弧拱式砖过梁时应注意以下方面：

1）弧拱的竖缝应成放射状，竖缝应与胎膜面垂直。

2）拱顶灰缝为15~20mm，拱底的灰缝为5~8mm。当采用加工好的楔形砖时，砖大头朝上，上下灰缝一致，灰缝控制在8~10mm。

3）两边对称砌筑。

4）底模等砂浆强度达到设计强度的50%以上时，方可拆除，拆模的时间可参考表3-2。

第3-30问　墙上留洞时应注意哪些问题？

砖墙上所留的洞除门窗洞口外，大致还有三种洞口，即管道洞、脚手眼和施工洞。留这些洞口时应注意下列问题：

（1）管道洞　这是指各种管道穿过墙时须要预先留置的洞口，及各种水、电箱（柜）的预留洞口。这种洞口一般应在各专业工种指导下预留，当洞口宽度大于300mm时，上面一般要放预制混凝土梁，梁的两端在墙体上的搭接长度不应小于120mm；或砌砖拱。

（2）脚手眼　墙上所留的脚手眼一般是为单排脚手架横杆预留的洞孔。在下列墙体部位不得留脚手眼：

1）120mm厚砖墙。

2）宽度小于1m的窗间墙。

3）过梁上方、与过梁成60°的三角形范围内，以及过梁净高1/2的高度范围内。

4）梁和梁垫下及左右各500mm范围内。

5）门窗洞两侧200mm和转角450mm的范围内。

6）设计不允许设置的部位。

（3）施工洞　这是指在墙上预留，供施工人员通行及材料运输用的临时洞口。设置施工洞时应注意以下几点：

1）洞口一侧离墙体交叉处的距离不应小于500mm。

2）洞口要用过梁或采取逐层挑砖方法封口。

3）洞口两侧应预埋水平拉结钢筋，上下间距不应超过1m。

4）封洞口时，要注意清理两侧的砖墙，并浇水湿润。

5）封洞口的砖应采用与原墙面一样的砖。

第3-31问 砌小型砌块前应做哪些准备工作？

1）由于小型砌块体积较大，堆放的稳定性比实心砖差，所以要选择的堆放场地必须平整，并应具有一定的排水功能。

2）砌块应分规格、等级堆放，并应清除砌块表面的污物和芯柱用砌块的孔洞底部的毛边。堆放高度不宜超过1.6m。

3）不得使用养生期不足28d及还带有潮湿面的砌块。

4）普通混凝土小砌块不宜浇水，当天气干燥炎热时，可喷水湿润。轻骨料混凝土小砌块可浇水，但也不宜过多。

5）清理、找平基层表面，并对轴线进行校核。

6）根据排砖的要求，准备好须要搭接的辅助规格小砌块。

7）准备好切割小砌块的机具、拉结筋及钢筋网片等。

8）调整砂浆稠度，随拌随用。

第3-32问 小型砌块砌基础时有哪些要求？

1）必须用普通混凝土小砌块，不得用轻骨料混凝土小砌块。

2）应对基槽（坑）进行检查 。

3）基础一般可砌成阶梯形，每砌一皮或二皮收进一次，每边收进1/2砌块宽度（见图3-24）。

4）砌块的强度等级不应低于MU5，砂浆强度等级不低

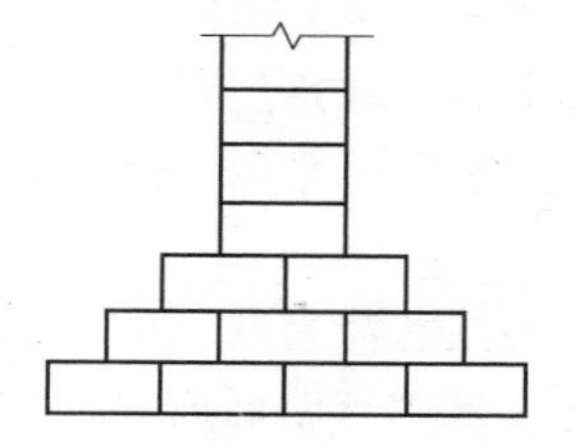

图 3-24　混凝土小砌块基础

于 M5。

第 3-33 问　小型砌块砌墙时的一般要求有哪些？

小型砌块在室内围护墙砌筑中已得到广泛的应用，砌筑中应注意下列事项：

1）因室内围护墙的厚度一般为 190mm（单排），故应采用全顺法，上下二皮砌块竖向灰缝应错开 1/2 砌块长（见图 3-25）。

图 3-25　混凝土小砌块组砌墙

2）砌筑时宜用铺灰反砌法，铺灰长度不宜超过 800mm，砌块应底面朝上。

3）应对孔错缝搭接砌筑。当无法对孔砌筑时，普通混凝

土小型砌块搭接长度不应小于 90mm，轻骨料小型混凝土砌块搭接长度不应小于 120mm。当无法保证上述要求时，应在水平灰缝中设置钢筋网片或拉结筋，拉结筋的长度不应小于 700mm（见图 3-26）。

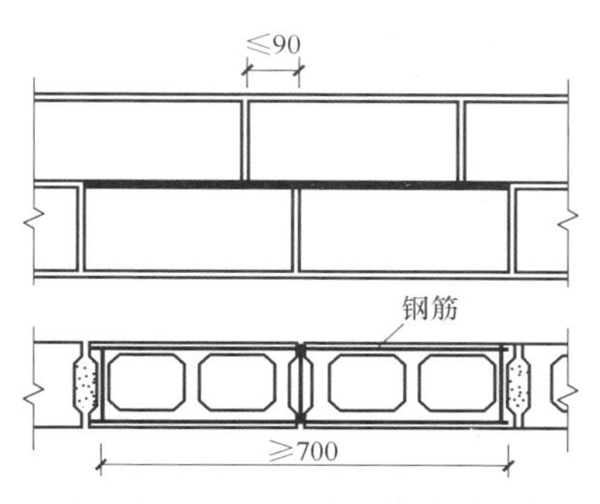

图 3-26　小砌块水平缝中设置拉结筋示意

4）在转角处应使纵横墙的砌块隔皮相互搭接，露头的砌块墙面应用水泥砂浆抹平（见图 3-27a）。

5）内外墙 T 字交接处有两种砌法（见图 3-27b），一种是隔皮加砌两块 290mm×190mm×190mmm 的辅助规格小砌块，辅助规格小砌块位于外墙上，开口处对齐；另一种是隔皮增加

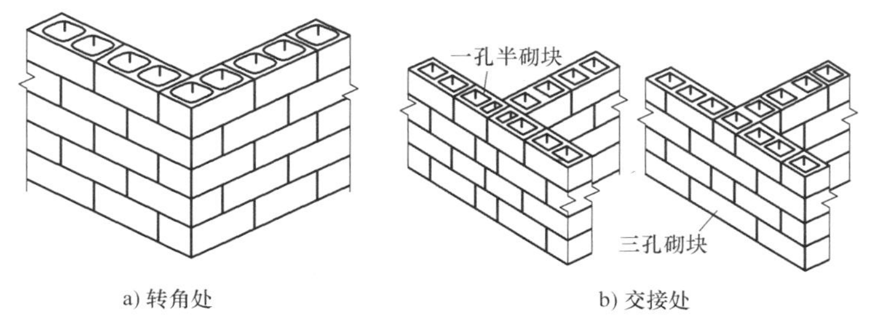

图 3-27　小砌块墙转角及交接处砌法示意

一块三孔砌块。

6）小型砌块的水平及竖向灰缝一般为8～12mm，灰缝应横平竖直，水平灰缝饱满度不得小于90%，竖向灰缝饱满度不得小于80%，墙面不得出现瞎缝、透明缝。

7）每天的砌筑高度：混凝土小型砌块不应超过2.4m，轻骨料小型混凝土砌块不应超过1.8m。

第3-34问　混凝土小型砌块的孔洞在墙体的什么部位应灌实？

当墙体在下列部位时，应用C20混凝土灌实砌块的孔洞：

1）底层室内地面以下或防潮层以下的砌体。

2）无圈梁的楼板支承面下一皮砌块。

3）没有设置混凝土垫块的次梁支承处，灌实宽度不应小于600mm，高度不应少于一皮砌块。

4）挑梁的悬挑长度不小于1.2m时，其支承部位的内外墙交接处的纵横墙各灌三个孔洞，高度不少于三皮砌块。

第3-35问　小型砌块在留槎时应注意哪些事项？

1）外墙转角处严禁留直槎，并应两个方向同时砌筑。

2）墙体临时间断处应砌成斜槎，斜槎的长度不应小于高度的2/3（见图3-28）。

3）除外墙大角及有抗震设防要求的地区外，可从墙面伸出200mm砌成马牙槎，并沿墙高每三皮设拉结筋或钢筋网片（见图3-29）。

第3-36问　在小型砌块墙上留洞（槽）时应注意哪些事项？

1）对设计规定的洞口、管道、沟槽和预埋件等，应在砌

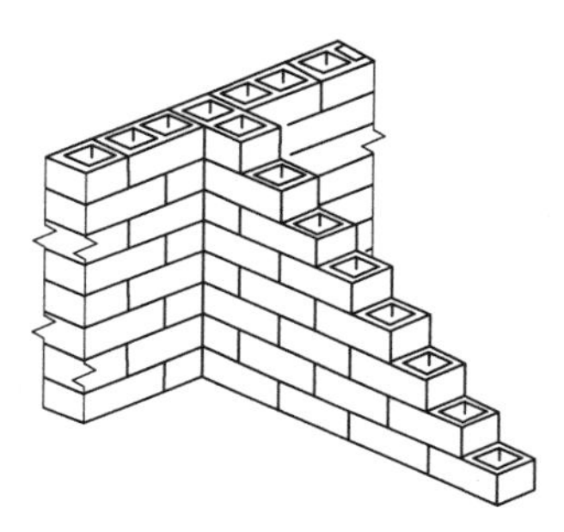

图 3-28　混凝土空心小砌块墙斜槎

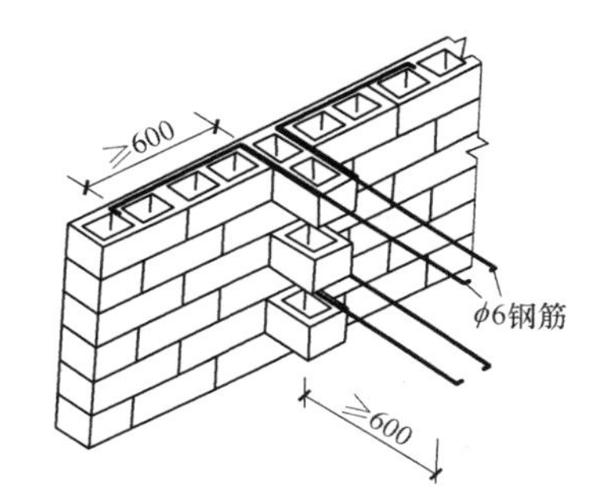

图 3-29　混凝土空心小砌块墙马牙槎

筑时一起预留或预埋，严禁在已砌好的墙上打凿。

2）在墙中不得留水平沟槽。

3）墙体内不宜留脚手眼。如必须留设，可用 190mm×190mm×190mm 的砌块倒砌，利用其孔洞作为脚手眼，架子拆除后用 C15 混凝土填实。

4）在下列部位不得留脚手架眼：

① 过梁上部与过梁成 60°的三角形范围内，以及过梁跨中范围内。

② 梁和梁垫下及左右各 500mm 的范围内。

③ 宽度不大于 800mm 的窗间墙。

④ 门窗洞口的两侧 200mm 以内和墙体交接处 400mm 的范围内。

⑤ 设计不允许留的部位。

5）临时施工洞的留法与第 3-30 问第（3）项相同，如图 3-30所示，堵洞时砌筑砂浆应提高一级；砌块墙预留专业洞口做法如图 3-31 所示；窗口两侧埋设混凝土块做法如图 3-32 所示。

图 3-30　预留施工洞处理

图 3-31　留专业洞口处理

图 3-32　窗洞口埋置混凝土块

第 3-37 问　小型砌块在砌到墙顶层时应怎样处理？

由于小型砌块经常出现高度不一定能赶上模数的情况，又

考虑到砂浆在硬化过程中有一定沉缩的影响（见图3-33），因此在砌到墙顶层最后一皮砌块后应做如下处理：

1）当砌到墙顶层最后一皮砌块后，应与上面的板（梁）留下一定的空隙，待七天后（即砂浆已有一定强度）补砌。

2）补砌的砖应用普通标准砖，采用侧砌或斜砌的方法。当采用斜砌时，斜度宜为60°以上，砂浆上下及侧面应饱满（见图3-34）。

图3-33　砌块墙顶与梁交接处出现沉缩缝

图3-34　砌块墙顶部采用普通砖斜砌法

第3-38问　混凝土芯柱施工中应注意哪些事项？

小型砌块墙在下列部位宜设置芯柱（见图3-35）：

1）五层及五层以上的建筑外墙转角、楼梯间四角的纵横

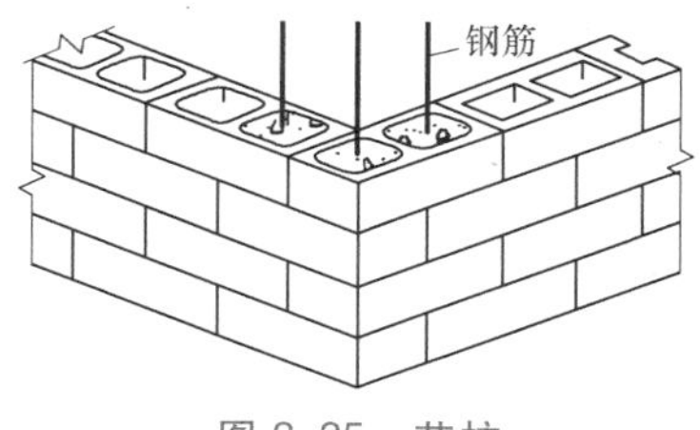

图3-35　芯柱

交接处的三个孔洞内，应设置芯柱。

2）抗震设防地区应按表3-3中的要求设置芯柱。

表3-3 抗震设防地区芯柱设置要求

建筑物层数			设置部位	设置数量
6度	7度	8度		
四	三	二	外墙转角，楼梯间四角，大房间外墙交接处	外墙转角灌实三个孔；内外墙交接处灌实四个孔
五	四	三	外墙转角，楼梯间四角，大房间内外墙交接处，山墙与内纵墙交接处，隔开间横墙（轴线）与外墙交接处	
六	五	四		

芯柱一般由混凝土工负责浇筑，但作为砌筑工应做好如下的配合工作：

1）芯柱中的钢筋上下应锚入地面或圈梁内。

2）芯柱应全高贯通，并与圈梁成一整体。

3）沿墙高每隔600mm应设直径4mm的钢筋网（或两根直径6mm的钢筋）拉结，每边伸入墙体内不小于600mm。

4）砌芯柱的砌块要采用不封底的通孔砌块。

5）在楼地面砌第一皮砌块时，应用开口砌块（或U形砌块）砌出操作孔，在操作孔侧面宜预留连通孔。

6）砂浆强度大于1.0MPa时，方可浇筑混凝土。

7）砌完一个楼层高度后，应连续浇筑芯柱混凝土。

第3-39问 小型砌块墙常用的拉结筋放置时应注意哪些事项？

小型砌块墙中的拉结筋除必须按设计要求放置外，还有其他一些放置方法，现介绍几种常用的放置方法及注意事项。

1）后砌的隔墙，拉结筋沿墙高每隔600mm放置，并应与承重墙或柱内预埋的钢筋网或钢筋拉结，钢筋伸入墙内长度不

少于 600mm，如图 3-36 所示。

2）芯柱与墙的拉结如图 3-37 所示。

3）砌块孔洞错位时的拉结筋设置方式如第 3-33 问中的图 3-26 所示。

4）当砌块隔墙转角交接采取普通砖连接时，每二皮砌块高设置拉结筋，伸入砌块内的长度不小于 500mm，如图 3-38 所示。

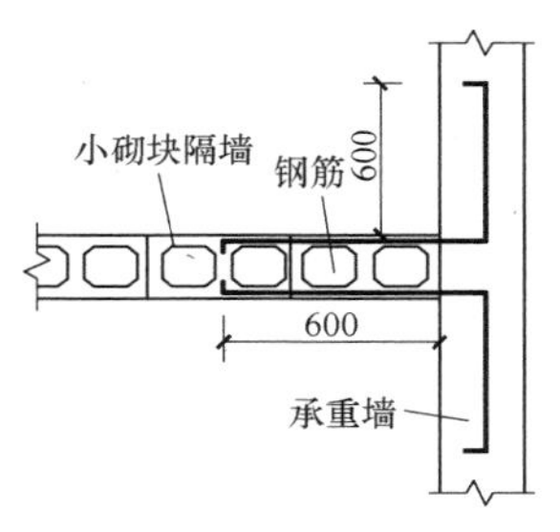

图 3-36　隔墙与承重墙拉结

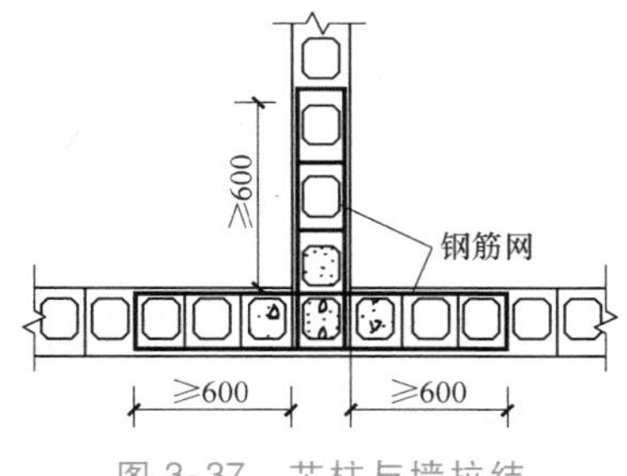

图 3-37　芯柱与墙拉结

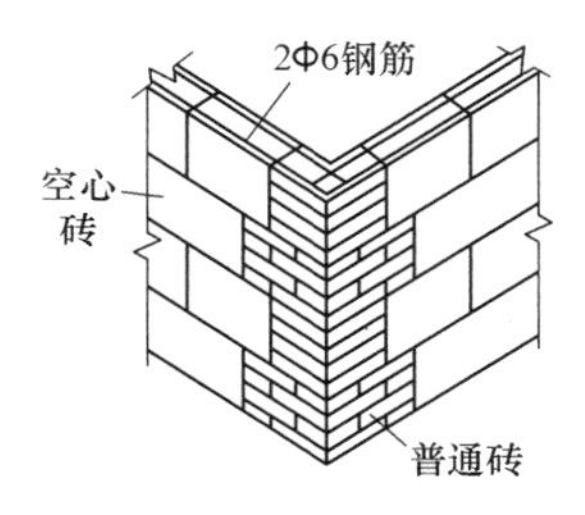

图 3-38　空心砖墙中拉结

第 3-40 问　加气混凝土砌块在施工中应注意哪些事项？

加气混凝土砌块作为墙体使用，有单层墙和双层墙两类

（见图 3-39）。

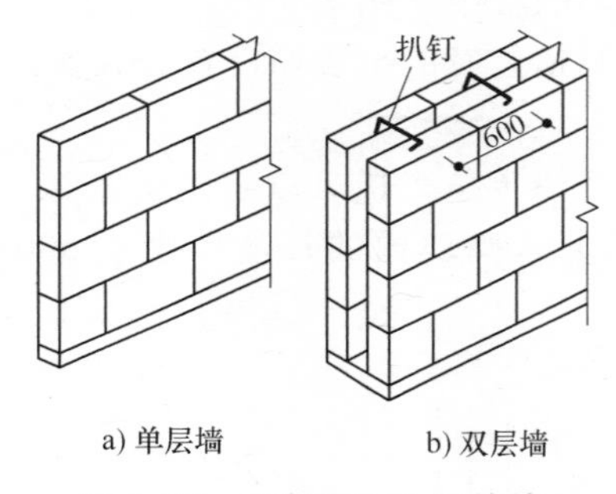

图 3-39　加气混凝土砌块墙

加气混凝土砌块在施工中应注意以下方面：

1）砌筑前应根据建筑物的立面图和剖面图，按不同的砌块的规格画出砌块排列图。画图时水平灰缝可按 15mm 计，垂直灰缝可按 20mm 计。再根据排列图的尺寸制作皮数杆。

2）砌筑时一般采用铺灰刮浆法，即先用瓦刀或专用灰铲在墙顶面铺上砂浆，然后在砌块的侧面满刮砂浆，与前面砌块紧紧挤出砂浆后，再刮去挤出的砂浆。

3）砌筑时，上下层砌块应错缝，错缝长度不小于砌块长的 1/3，并不少于 150mm。如不能满足上述要求，可在水平灰缝中设置两根直径 6mm 的钢筋或直径 4mm 的钢筋网，钢筋网的长度不小于 200mm。

4）当加气混凝土砌块墙作为承重墙时，在转角及交接处应沿墙高每隔 1m 左右在水平灰缝中设 3 根直径为 6mm 的钢筋伸入墙内 1m；当加气混凝土砌块墙作为非承重墙时，用 2 根直径 6mm 的钢筋，伸入墙内 700mm（见图 3-40）。

5）切割砌块应用专用工具，不得用斧子或瓦刀砍。

6）窗洞下的第一层砌块下的水平灰缝内应放置 3 根直径

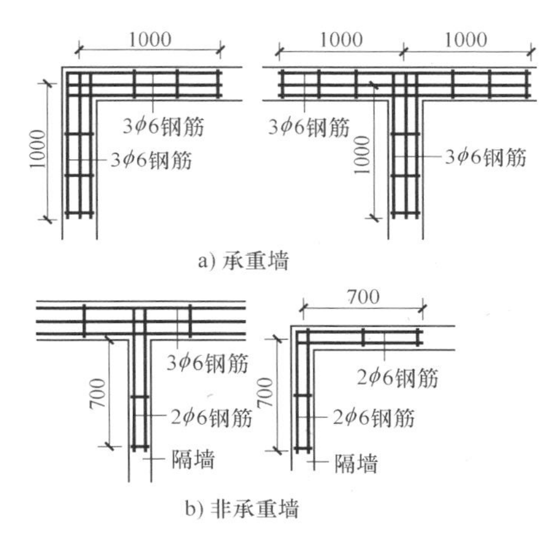

图 3-40　水平灰缝中的拉结钢筋

6mm 钢筋，钢筋两端应伸入窗洞两边 500mm（见图 3-41）。

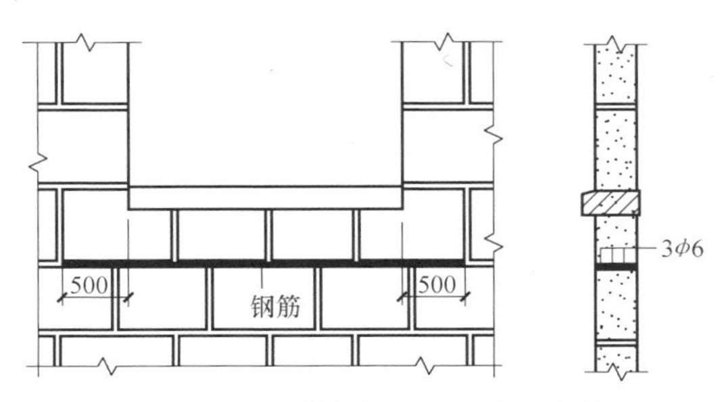

图 3-41　砌块墙窗洞口下附加钢筋

7）窗洞口上过梁可采用配筋过梁或预制混凝土过梁。当采用配筋过梁时，可按洞口宽度大小配 2 根直径 8mm 或 3 根直径 6mm 的钢筋，两端伸入墙内不小于 500mm（见图3-42a）。当采用预制混凝土过梁时，过梁两端的搭接长度不小于 250mm（见图 3-42b）。

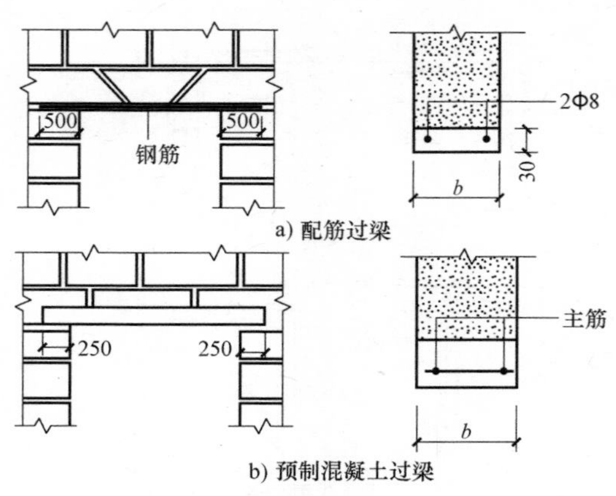

图 3-42　砌块墙中洞口过梁

8）墙上不允许留脚手眼。

9）不同干密度和强度等级的砌块不得混砌，更不能用其他砖或砌块混砌，但墙的底部、顶部和窗洞口局部可采用普通砖砌筑。

第 3-41 问　粉煤灰砌块施工时应注意哪些事项？

1）粉煤灰砌块应自生产之日起，放置一个月后，用于砌筑。

2）严禁使用干粉煤灰砌块。一般应提前 2d 浇水，含水率控制在 8%～10%左右。也不允许随浇随砌。

3）砌筑方法宜采用“铺灰灌浆法”，即先在墙面上摊铺砂浆，然后按要求的位置摆放砌块，留出竖缝的宽度，再进行竖浆灌缝。灌缝前可采用专用的泡沫塑料条或木夹板堵塞两侧竖缝，防止侧面竖缝跑浆，待灌缝砂浆凝固后方可将堵塞物拆除（见图 3-43）。

4）水平灰缝的砂浆饱满度不小于90%，竖缝的砂浆饱满度不小于80%。上下层竖缝应错开，且不少于150mm。

5）转角及T字交接处，可使隔皮砌块露头，但应锯平灌浆槽，使端部为平面（见图3-44）。

6）遇到门窗洞口时，周边宜用普通砖砌，宽度不小于半砖。

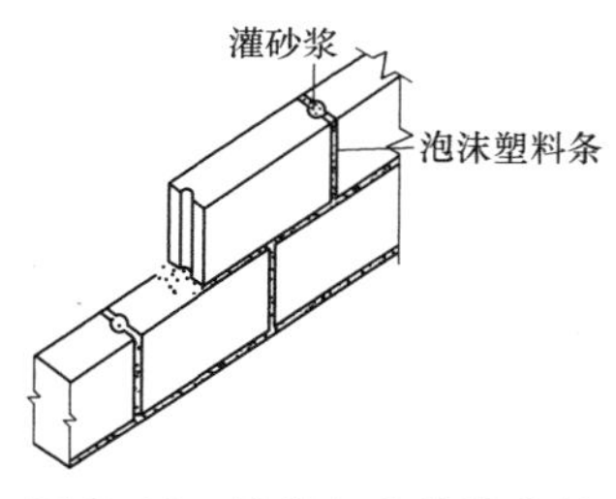

图3-43　粉煤灰砌块墙砌筑

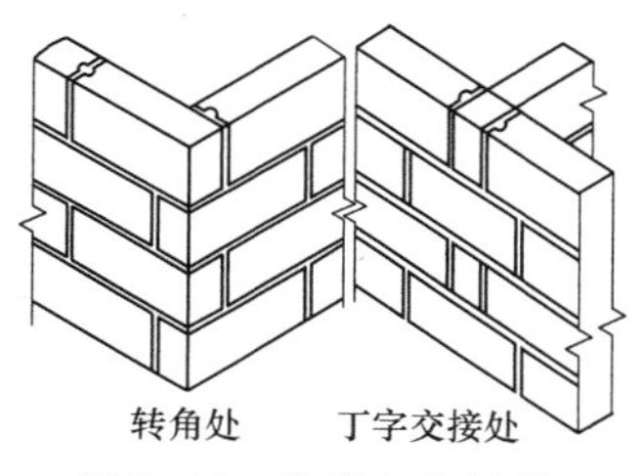

图3-44　粉煤灰砌块墙转角及T字交接处

7）与承重墙（柱）交接处，应沿墙（柱）高每1.2m左右在水平灰缝中设置3根直径4mm的拉结筋，拉结筋伸入墙内的长度不小于700mm。混凝土柱处可采用植筋的方法。

8）砌块切割应用专用工具，砌块墙上不得留脚手眼。

第3-42问　钢筋混凝土构造柱的作用及设置要求是什么?

钢筋混凝土构造柱是墙体的一个组成部分，它主要设置在墙体的转角及其他抗拉、抗剪能力的薄弱部位。构造柱与圈梁和基础连接在一起，加强了纵横墙的整体性，约束墙体裂缝开展，提高墙体的抗弯抗剪能力，从而极大的增强了建筑物抵抗地震的能力。

砖房中构造柱设置的要求可见表3-4：

表 3-4 砖房中构造柱设置要求

<table>
<tr><th colspan="4">房屋层数</th><th colspan="2" rowspan="2">设置部位</th></tr>
<tr><th>6度</th><th>7度</th><th>8度</th><th>9度</th></tr>
<tr><td>≤五</td><td>≤四</td><td>≤三</td><td></td><td rowspan="3">楼、电梯间四角，楼梯斜梯段上下端对应的墙体处
外墙四角和对应转角
错层部位横墙与外纵墙交接处
大房间内外墙交接处
较大洞口两侧</td><td>隔 12m 或单元横墙与外纵墙交接处
楼梯间对应的另一侧内横墙与外纵墙交接处</td></tr>
<tr><td>六</td><td>五</td><td>四</td><td>二</td><td>隔开间横墙（轴线）与外墙交接处
山墙与内纵墙交接处</td></tr>
<tr><td>七</td><td>六、七</td><td>五、六</td><td>三、四</td><td>内墙（轴线）与外墙交接处
内墙的局部较小墙垛处
内纵墙与横墙（轴线）交接处</td></tr>
</table>

注：较大洞口，内墙指不小于 2.1m 的洞口；外墙在内外墙交接处已设置构造柱时允许适当放宽，但洞侧墙体应加强。

第 3-43 问　钢筋混凝土构造柱的构造要求是什么？

建筑物内的构造柱原则上应按设计图纸施工，但一般常用的做法如下：

1）构造柱的混凝土强度不应低于 C20，柱的截面尺寸不应小于 240mm×240mm，宽度不应小于墙的厚度。

2）柱内的竖向钢筋：中柱不应少于 4 根直径 12mm 的钢筋，边柱不应少于 4 根直径 14mm 的钢筋，但也不宜采用直径大于 16mm 的钢。箍筋一般直径 6mm，间距不大于 200mm，楼层上下 500mm 范围内间距应为 100mm。

3）砌体与构造柱的连接处应砌成马牙槎，每一马牙槎

的高度不宜超过 300mm（见图 3-45）；柱内沿墙高每隔 500mm 设 2 根直径 6mm 的水平拉结筋，每边伸入墙内不少于 1m。

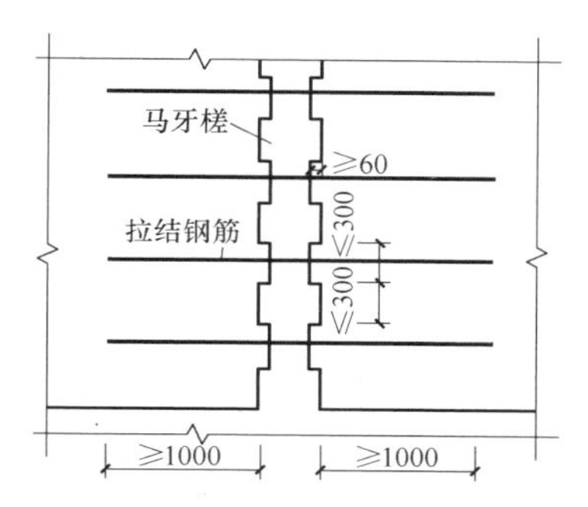

图 3-45 拉结筋及马牙槎示意图

4）构造柱的主筋（竖筋）应穿过圈梁，上下贯通。

5）构造柱可单独不设基础，但应伸入地面下 500mm 或与基础地（圈）梁相连接。

6）混凝土构造柱应在砌体达到一定强度后，方可浇筑。

第 3-44 问 构造柱施工中应注意哪些事项?

1）构造柱的施工顺序如下：

绑扎钢筋→砌砖墙（放水平拉结筋）→支模板→浇筑混凝土→拆除模板。

2）在砌第一皮马牙槎时应先退后进，以保证柱脚为大断面。当马牙槎的齿深为 120mm 时，其上口可采用第一皮进 60mm，第二皮进 120mm 的方法，以保证上角密实。

3）两侧模板应与墙面严密贴紧，支撑（栏杆）牢靠；缝隙要堵塞好，以防漏浆。

4）在支模前要对构造柱位置内的砂浆及杂物清理干净。为了便于清扫，支模时可在底部留出清扫口。对独立构造柱模板要加稳定支撑。

5）浇筑混凝土时，应注意振动棒不要直接碰到砖墙，严禁通过砖墙传震。

第3-45问 为什么要设置抗震圈梁？它的设置要求是什么？

抗震圈梁是与构造柱相配套的，它通过构造柱可将纵横墙和楼板连成一体，提高墙体的抗剪能力，限制墙面开裂，并能减轻地震时基础下沉所造成的地震灾害。

抗震圈梁设置中应注意以下事项：

1）抗震圈梁应严格按照设计图纸及抗震的有关要求施工。

2）多层砖瓦房如还采用装配式楼板或木屋架房，可按表3-5、表3-6设置抗震圈梁。

3）圈梁应闭合，不应被洞口断开。

4）圈梁宜与预制板设在同一标高或紧靠楼板设置。

5）圈梁的截面不宜小于240mm×120mm，配筋不宜小于4ϕ12mm，并应伸入构造柱内。

表3-5 多层砖砌体房屋现浇钢筋混凝土圈梁设置要求

墙类	烈度		
	6、7	8	9
外墙和内纵墙	屋盖处及每层楼盖处	屋盖处及每层楼盖处	屋盖处及每层楼盖处
内横墙	同上；屋盖处间距不应大于4.5m；楼盖处间距不应大于7.2m；构造柱对应部位	同上；各层所有横墙，且间距不应大于4.5m；构造柱对应部位	同上；各层所有横墙

表3-6 多层砖砌体房屋圈梁配筋要求

配筋	烈度		
	6、7	8	9
最小纵筋	4ϕ10	4ϕ12	4ϕ14
箍筋最大间距/mm	250	200	150

第 3-46 问　地面砖施工要领有哪些？

地面砖一般多用于室内地面及室外人行道、散水坡等处。

地面砖铺砌工艺流程是：准备工作→搅拌砂浆→摆砖组砌→铺砌地面砖→养生清扫。

地面砖的施工要领如下：

1）准备工作分材料准备和施工现场准备两部分。材料准备主要是检查地面砖的质量。现场准备主要是指基层清理、冲洗并湿润，检查地面标高。

2）砂浆一般用水泥砂浆，配比为 1∶2 或 1∶2.5（体积比），稠度控制在 25~35mm。

3）先根据设计要求干铺一次，经检查合格后再开始铺砌。

4）先铺一层 15~20m 厚的砂子，洒水压实刮平，再按冲好的筋挂线，随铺随砌，并用木（橡胶）锤敲实，砖间缝隙不大于 6mm。

5）先用砂子将砖缝预填一半高度，然后用水泥砂浆填缝扫平。

6）铺砌一般从门口开始，先找好位置和标高，然后从室内退着铺砌。

7）面层铺贴完 24h 后，进行擦缝、勾缝和压缝工作。

8）常温下 24h 以后，应湿润养生，养生不应少于 7d。

第四篇

季节性施工

本篇内容提要

本篇主要介绍砌筑工程冬期施工中采用冻结法和掺盐法的施工要领。其次简要介绍雨期、夏季施工中应采取的防范措施。

第 4-1 问　什么情况下要进行冬期施工?

根据施工规范规定，当符合下列两个条件之一时，均应采取冬期施工措施：

1）当室外日平均气温连续五天稳定低于 5℃时。

2）当日最低气温低于 0℃时。

当气温低于 0℃时，砂浆中的水会冻结，对砂浆的强度就会有影响，所以必须采取相应的防冻措施。

我国长江以北地区，冬天的气温经常在 0℃以下，加上建筑工程往往是在秋季时主体结构工程结束，冬季开始砌筑。所以，砌筑工程的冬期施工尤为重要。

第 4-2 问　冬期施工应做哪些准备工作?

1）对水管进行保温防冻。

2）准备现场临时烧水的炉子。

3）准备保温材料（如草帘）及防冻剂（如氯盐）等。

4）现场的材料应分类集中堆放，必要时应遮盖，以防止受到霜雪侵袭和冻害。

5）砌体灰缝调整，灰缝宜在 8~10mm 之间。

第 4-3 问　对原材料应采取哪些必要措施?

1）水泥应采用普通硅酸盐水泥，发挥其早强、水化热高和抗冻性好的特点。

2）砖、石在砌筑前应清除表面的冰霜。

3）砂浆稠度宜较常温施工时适当增加，可通过增加石灰膏或黏土膏的办法来解决。具体要求见表 4-1。

4）掺合料应保温，防止受冻，如遭到冻结应待融化后使用。

5）砂应过筛，不得含有冰块和大于 10mm 的冻结块。

表 4-1　冬期施工砂浆的稠夜

砌体种类	稠度/mm
砖砌体	8~13
人工砌的毛石砌体	4~6
振动的毛石砌体	2~3

第 4-4 问　对砌筑砂浆应采取什么措施?

1）砂浆应采用水泥砂浆，不宜使用石灰砂浆或石灰黏土砂浆。

2）在搅拌砂浆过程中，如砂需要加热，其温度不得超过 40℃，水不得超过 80℃。水、砂的温度应经常检查，每小时不少于 1 次。

3）如需要对水加热，水温超过 60℃时不应与水泥直接接触，以防止水泥和热水接触时产生假凝现象。

4）如采用掺氯盐砂浆，在现场搅拌时，宜采用二步投料法，即先将水调成盐溶液，然后投入其他材料搅拌。

5）砂浆的强度等级宜提高一级。

第 4-5 问　对砂浆施工温度有什么要求?

1）不论采用氯盐砂浆、掺外加剂砂浆，还是采用暖棚法施工，砂浆施工温度都不应低于+5℃。

2）冬期施工时，砖、石的砌筑砂浆温度可参考表 4-2。

表 4-2　冬期施工砖、石的砌筑砂浆温度参考表

环境温度/℃	砂浆砌筑温度/℃	
	冻结法	抗冻砂浆法
-10 以上	+10	+5
-10～-20	+15	+10
-20 以下	+20	+15

3）砂浆在搅拌、运输、存放过程中要注意保温，严禁使用已遭冻结的砂浆。

4）如采用暖棚法施工时，砌体养护时间应根据暖棚内的温度而确定（见表 4-3）。

表 4-3　暖棚法砌体的养护时间

暖棚的温度/℃	5	10	15	20
养护时间/天	≥6	≥5	≥4	≥3

第 4-6 问　砌筑工程冬期施工宜采用什么操作方法和施工方法？

砌筑工程冬期施工操作方法，宜采用"三·一"砌筑法。其他砌筑法因铺灰太长容易引起砂浆表面受冻。

砌筑工程冬期施工方法，一般有掺氯盐砂浆法、掺外加剂砂浆法、冻结法和暖棚法等，主要以掺氯盐砂浆法为主。

第 4-7 问　什么叫掺氯盐砂浆法？它的优缺点是什么？

掺氯盐砂浆法就是在砂浆中掺入一定数量的氯盐来降低水的冰点，以保证砂浆中有液态水的存在，使水化反应在一定温度下不断进行，从而使砂浆在负温度下强度能继续缓慢增长。同时，因为它降低了砂浆中水的冰点，砌体的表面不会立即结冰而形成水膜，故砂浆和砌体能较好地黏结。

它的优点是施工简便，成本低，材料容易获得。其缺点是对钢筋有锈蚀，故配筋砌体不宜使用。

第4-8问　掺氯盐砂浆中常用的防冻外加剂有哪些？

掺氯盐砂浆中，目前常用的防冻外加剂主要是氯化钠和氯化钙，其他还有亚硝酸钠、碳酸钙和硝酸钙等。

第4-9问　在哪些工程及部位中不能使用掺氯盐砂浆，其原因是什么？

在下列工程及部位中不能使用掺氯盐砂浆：

1）对装饰有特殊要求的建筑物。

2）对接近高压电路的建筑物（如变电所）。

3）使用湿度大于60%的建筑物。

4）热工要求高的建筑物。

5）配筋（指主筋）砌体。

6）处于地下水位变化范围内，以及在水下没有设防水保护层的结构。

其原因是：

1）由于掺氯盐砂浆吸湿性大，会降低结构的保温性能。

2）当氯盐用量超过10%时会产生严重的析盐现象，影响建筑物外观，并导致砂浆后期强度降低。

3）氯盐对钢筋有腐蚀作用。

4）掺氯盐砂浆导电性能较强，接近高压电路会发生触电危险。

第4-10问　试述掺氯盐砂浆的配制方法。

1）搅拌时间应当延长，一般比常温时增加一半。

2）氯盐掺入量要适当，应根据气温变化情况按规定确定掺入量。

3）配制盐溶液时，应先将氯盐溶解于约40℃的热水中，并检测其浓度（可用波美氏密度计测定）。

4）当设计无要求，且最低温度小于或等于-15℃时，砌筑承重砌体的砂浆强度等级应比常温施工时提高一级。

第4-11问　砂浆掺盐量如何确定？

砂浆中掺盐太多会产生析盐，使砌体强度降低，反之，掺盐太少起不到防冻作用。为此，掺盐量要根据室外温度而定，一般情况下，掺盐量可参照表4-4选用。

表4-4　砂浆掺盐量（占水量的百分数,%）

日最低气温/℃			≥-10	-11～-15	-16～-20
单盐	氯盐	砌砖	3	5	7
		砌石	4	7	10
双盐	氯盐	砌砖			5
	氯化钙				2

注：掺量以无水盐计。

第4-12问　什么叫冻结法？

冻结法就是砌筑时和常温一样，用不掺任何化学外加剂的普通水泥砂浆进行砌筑的一种冬期施工方法。

冻结法允许砂浆在凝固前冻结，因砂浆和砖砌体冻结后，可保持砌体的初始稳定。砂浆随着温度的变化要经过冻结—融化—再硬化的三个阶段。试验证明，砂浆经冻结后，不会影响其最终强度，但砌体在融化初始阶段，砂浆的强度接近于零，这会增加砌体的变形和沉降的风险。

第4-13问　试述砌砖冻结法的适用范围。

（1）适用范围

1）对保温、绝缘、装饰装修有特殊要求的工程。

2）墙体内有受力钢筋及不受地震区域限制（即非抗震设防区）的工程。

（2）不适用范围

1）空斗墙和毛石墙。

2）承受侧压力的砌体，如挡土墙。

3）在解冻期不能受到震动的砌体。

4）不允许产生沉降的砌体。

第4-14问　砌砖冻结法施工中应注意哪些事项？

1）砌筑时应清除建筑物中剩余的建筑材料及其他临时荷载，宜暂停其他工种施工。

2）基础地基应为不冻胀土，如为冻胀土，则必须在未冻前施工完毕，并及时回填土，防止地基受冻产生冻胀而损坏基础。

3）在砌体内的预留洞口和沟槽等，宜在解冻前填砌完。

4）跨度大于0.7m的过梁，应采用预制梁。

5）门窗框上部应留3~5mm的空隙，作为化冻后的预留沉降量。

6）在楼板水平面上，墙的拐角处和交叉处，每半砖设置一根直径为6mm的拉结筋。

7）在解冻期，要观测砌体的沉降大小、方向和均匀性，以及砌体灰缝内砂浆的硬化情况，观测时间一般要15d左右。

8）当设计无要求，且最低温度小于或等于-15℃时，砌筑承重砌体，砂浆强度等级应较常温施工时提高一级，砂浆强度等级不得低于M5。

第4-15问　什么叫蓄热法施工？试述它的适用范围。

蓄热法就是在施工过程中，先将水和砂加热，使拌合后的

砂浆在砌筑时保持一定正温，以推迟冻结的时间。在一个施工段内的墙体砌筑完毕后应立即用保温材料覆盖其表面，使砌体中的砂浆在冻结前，在正温下达到砌体强度的20%。

蓄热法适用于冬期气温不太低的地区（一般在-10~-5℃），以及寒冷地区的初冬、初春及地下墙体。

第4-16问　什么叫暖棚法施工？试述它的适用范围。

暖棚法就是利用简易结构和廉价的保温材料，将须要砌筑的工作面封闭起来，使砌筑工程始终在常温下施工和养护。

暖棚法施工的棚内温度距地面0.5m处不能低于+5℃，必要时可采取棚内加热。

暖棚法成本高、效率低，消耗能源，故一般用于地下室和局部抢建的工程。

第4-17问　雨期施工对砌体的材料使用有哪些影响？

由于砌筑工程中使用的砖、石、砂子等材料大多都是露天堆放，砖、石淋雨后，吸水过多，有的甚至达到饱和状态，表面会形成水膜，而砂子含水率大后，会使砂浆稠度增加，容易产生离析现象，这些均直接影响到砌体的强度，且饱和砖砌筑时砖易滑移，影响砌筑质量。

第4-18问　雨期施工对砌体会有哪些影响？

1）已砌好但还没有达到强度要求的砌体，其砂浆尤其是竖缝的砂浆容易被雨水冲刷掉，同时水平灰缝的压缩变形增大，墙砌得越高，变形就越大。

2）砌筑时由于砖吸水到饱和及砂浆的稠度大，砂浆会被挤出砖缝，产生坠灰现象。同时，砌筑时，饱和砖易滑动放不稳，这也会降低砌体强度。

3）在砌上皮砖时，由于上皮砖灰缝中的砂浆挤入下皮砖的“花槽”灰缝中，下皮砖会产生移动。

4）由于砂浆流淌，已砌的砖会产生滑移，这轻则造成墙面凹凸不平，达不到规范要求，影响工程质量，重则会引起墙体的倒塌。

5）雨期施工由于现场湿滑，会给施工人员带来安全隐患，同时，工人长时间在雨中作业，对身体也有影响。

第4-19问　雨期施工对材料应采取哪些防护措施？

1）砖必须集中堆放在地势较高的地方或采取必要的排水措施，大雨时可用苫布或塑料布覆盖。

2）砂也应集中堆放在地势较高的地方或采取必要的排水措施。

3）水泥必须存放在室内，并经常检查，不得受潮。

4）砂浆在运输中应加以遮盖；被雨淋的砂浆，应重新加水泥搅拌后再用。

第4-20问　雨期施工时应采取哪些防护措施？

1）施工作业安排应采取晴外、雨内相结合的原则。

2）应适当缩小水平灰缝厚度，可控制在8mm左右。

3）及时调整砂浆中的用水量，严格控制砂浆的稠度。

4）宜采用“三·一”砌筑法。

5）每天的砌筑高度以不超过1.2m（一步架）为宜，以防止墙体倾倒。如为了抢进度，应采用夹板支撑方法，加固已砌完的墙体。

6）内外墙尽量同时砌筑，转角和T字墙间的连接要跟上。

7）稳定性较差的独立柱、窗间墙，必须加设临时支撑或

及时浇筑圈梁。

8）对脚手架、斜道、道路等应采取防滑措施。

第 4-21 问　雨期对已砌筑完毕的砌体应采取哪些防护措施?

1）每日收工时，应在已砌完的墙上铺一层干砖，并用草帘或塑料布加以覆盖，防止雨水将刚砌好的砌体中的砂浆冲刷掉。

2）如发现砌体中的砂浆已被冲刷掉，则应拆除重砌。

3）第二天砌筑前，要对已砌完的墙进行垂直度和标高的复核，无误后方可继续施工。

第 4-22 问　夏季施工对砌体有哪些影响?

1）夏季气温高，干燥多风，砌筑时砖和砂浆中的水分蒸发很快，这会使砂浆酥松，黏结力降低。

2）由于砂浆中水分很快被砖吸收，砂浆稠度会变差。

3）砂浆脱水会使水泥砂浆强度的正常增长受到影响，从而降低砌体强度，影响工程质量。

第 4-23 问　夏季施工应采取哪些防护措施?

1）砖使用前要充分浇水湿润，使其水掺入量达到 20mm 左右。

2）适当增加砂浆的稠度，一般采用稠度为 80~100mm 的砌筑砂浆。

3）当最高温度超过 30℃时，对已搅拌好的砂浆，应控制在 2h 内用完。

4）对已砌完的墙体应浇水养护。一般上午砌完，下午就要及时浇水养护，并加以覆盖。

第 4-24 问 在有台风的地区（或季节）应注意哪些事项？

1）控制墙体的砌筑高度，每天以一步架为宜。

2）四周墙宜同时砌筑，以保证砌体的整体稳定性。

3）脚手架不要依附在墙上。

4）无横向支撑的独立山墙、窗间墙、独立柱等，砌筑后应进行加固。

5）制定其他相应的防范措施。

第五篇

工程质量

本篇内容提要

本篇分两大部分：

第一部分主要介绍原材料的质量控制、基础直至墙体施工过程中的质量控制，以及两个砌筑分项工程检查验收的方法。

第二部分主要介绍砌筑工程中容易出现的质量问题及应采取的防治措施。

第5-1问　砌筑工程中对主要原材料如何进行质量控制？应注意哪些事项？

（1）质量控制　砌筑工程中对主要原材料的质量控制主要分下列三部分：

1）所用主要原材料均须有产品合格证和产品性能检测报告。

2）砖（砌块）、水泥、钢筋等还须进行复检，其检验批量为：烧结砖每15万块、粉煤灰砖每10万块、混凝土小型砌块每300m^3、水泥每200t、钢筋每60t为一验收批，不足上述数量的按一批计。

3）对每次进场的材料进行外观检查。

（2）注意事项　在上述质量控制中应注意以下事项：

1）产品合格证应是原件，如果材料是由代销商处采购的，只有复印件时，其复印件上也须有代销商单位的公章。同时要留下样品以供以后大批材料进场时核对之用。

2）需要复试的材料要坚持先复试后使用的原则，不可边复试边使用，更不允许先使用后复试。复试的样品要有代表性，取样过程应有监理或业主代表参加，试样应送有资质的检测单位进行复试。

第5-2问　对砌筑砂浆如何进行质量控制？应注意哪些事项？

（1）质量控制　砌筑砂浆的质量控制分两个部分：

1）配合比的控制。现场搅拌时必须设专人经常监督检查计量工作，确保计量的准确性，并要制定相应的措施。

2）砂浆的稠度控制。重点对使用中的砂浆的稠度进行控制，不得随意在砂浆中加水，控制好砂浆使用时间，严禁使用隔日砂浆。

（2）注意事项　砂浆要按规定做试块，试块要有代表性，不能做假。

第5-3问　在什么情况下，需要对砂浆进行原位检测（即实体检测）？

当出现下列情况之一时，需要对砂浆进行原位检测：

1）砂浆试块缺乏代表性或试块数量不足。

2）对砂浆试块的试验结果有怀疑或有争议。

3）砂浆试块的结果不能满足设计要求。

第5-4问　砌砖的正确步法对工程质量有什么影响？

“三·一”砌砖法的正确步法如下：

1）操作人员应顺墙斜站，左脚在前，离墙约15cm，右脚在后，距墙及左脚跟约30～40cm。

2）砌筑方向是由前向后，退着砌，这样操作可随时检查已砌好的砖是否平直或游动。

3）砌完3～4块砖后（标准砖），左脚后退一大步（约60～80cm），右脚后退半步，人斜对墙面可砌约50cm。

4）砌完后左脚后退半步，右脚后退一步，恢复到开始砌的位置（见图 5-1）。

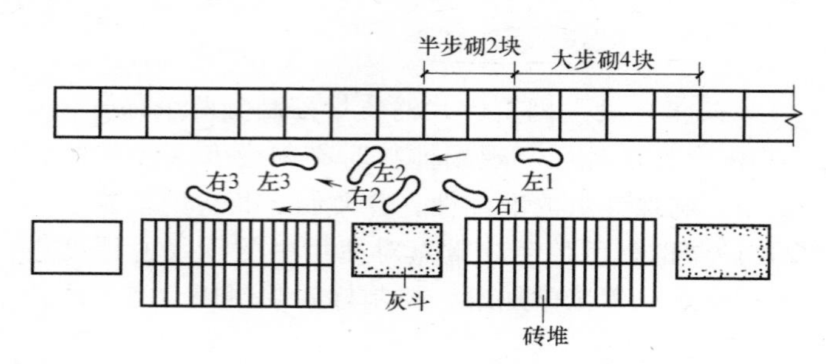

图 5-1 “三·一”砌砖法的步法平面示意

实际上，很多瓦工都没有师傅指导，都是根据自己平时养成的习惯砌墙，这样在一条墙上瓦工们各有各的操作步法及手法，这不仅会给操作带来不少多余的动作，同时还不能保证砌筑的质量。因此，必须加强对工人的培训教学，从实践中逐步形成正确的操作步法。

第 5-5 问 采用“三·一”砌砖法，在铲灰和铺灰时经常会出现哪些问题？有什么防治措施？

（1）在铲灰和铺灰时经常会出现的问题

1）铲灰量不稳定，不会根据砂浆的稠度及时调整铲灰量大小。

2）取砖时不看砖外形，不会根据需要选择相应的砖。

3）铺灰不均，高低不平，长宽尺寸掌握不准。

4）砂浆饱满度不够 。砂浆少时，不愿意再次弯腰补，或揉灰力度不够。

（2）防治措施

1）按照“三·一”砌砖法的要领“一铲灰，一块砖”，每次铲灰多了可将剩余的砂浆放在竖缝中或带回灰槽，砂浆少

了，必须再补上。

2）在铲灰的同时要取一块砖，故取砖时的那一瞬间，就选好砖。重点选至少有一个面好的砖，丁砖看丁的侧面，顺砖看长条的侧面。

3）铺灰要与待砌砖的外形一致，即丁砖按丁字形，顺砖按顺字形铺。

4）为不污染墙面，铺设的砂浆一般要距外墙约 20mm，并要与前块砖的砂浆连接，较砖长出 10~20mm。

第 5-6 问　采用“三·一”砌砖法，在揉灰时经常会出现哪些问题？有什么防治措施？

（1）揉灰时经常会出现的问题

1）因为灰没有铺好，揉不平，或揉得不均匀。

2）揉灰时经常碰线，影响墙面平整度。

3）揉的力度掌握不好，特别是当砂浆铺得不匀和较薄时。

4）反复揉槎，使砂浆中的水份损失，稠度变小，黏结力降低。

（2）防治措施

1）将待砌的砖放在离已砌好砖的后面 30~40mm，平放推齐，用手轻揉。

2）揉灰时上边看线（不要碰线），下边看墙面，一直揉到下齐砖棱、上齐线为止。

3）砂浆厚时揉的力度要大些，砂浆薄时揉的力度要小些，但不论力度大小，均要做到手中的砖有与砂浆已达到黏结的感觉，以确保砂浆饱满度。

4）揉完之后，将挤出的砂浆先填补在竖缝中，再将剩余的砂浆回投入灰槽中。

第 5-7 问　铺灰法施工时易出现哪些问题?

铺灰法施工时易出现的问题如下:

1）铺灰过长，有时砌到最后几块砖时，砂浆已基本上“干”了，使砌体黏结不良。

2）不平推平挤，变成摆砖后用砂浆灌缝（有时还加水灌），这样不仅保证不了竖缝饱满，影响砌体强度，还容易沾污墙面。

3）挤法不当，使水平灰缝不平，竖缝灰不满。

4）由于两块砖一起拿，在“砖面”选择上要比“三·一”砌砖法差。

第 5-8 问　普通烧结砖不浇水有什么危害? 应采取哪些措施?

（1）危害　普通烧结砖砌筑前如不浇水，有以下危害:

1）干砖上墙会造成砌筑砂浆中的水分被砖吸掉，降低了砂浆的流动度，进而影响砌体的砂浆饱满度;

2）干砖上的粉尘影响砂浆与砖的黏结。

3）砂浆中用于水泥正常水化的水分不足，导致砂浆强度下降。

这些都将会严重影响砌体的整体质量。

（2）原因分析

1）项目经理对浇水重要性认识不足，行节约水之标牌，实省钱之目的。

2）现场缺水或水压不足。

3）没有设专人浇水，责任不清。

（3）对应措施

1）配备好浇水用的机具，如水管、水泵、草帘、塑料

布等。

2）设专人负责浇水工作。

3）如果白天水压不足，可利用晚上浇水或现场设置储水池。

第 5-9 问　砖基础施工前的准备工作易出现哪些问题？有什么防治措施？

（1）出现的问题　砖基础的准备工作现场往往不太重视，经常出现的问题如下：

1）基础放线检查不严，不立或少立线杆。

2）材质证明不齐全，原材料不复试，供应商无出厂合格报告。

3）基础底面（含垫层）高低不平，碰坏处不修补。

4）基槽（坑）内有积水，杂物不清理。

5）安全防护措施不到位，特别是有的沟槽不按要求放坡。

（2）防治措施

1）基础施工前，由监理及项目部负责对所有的放线及龙门桩、线杆进行全数检查复核。

2）对基底不平处进行补修，高低差超过 20mm 时，需用 C15 细石混凝土找平。

3）放坡不到位的地方要进行临时加固处理。

4）基础砌筑前要进行隐蔽验收。

第 5-10 问　砖基础砌筑中易出现哪些问题？有什么防治措施？

1. 易出现的问题

砖基础在砌筑中易出现的问题有以下几项：

（1）同一个基础中多个品种或厂家的砖混用　其原因是砖基础形式较多，一些需要的品种砖供应不及时。

（2）基础出现位移　一般由以下几种原因造成：

1）基础大放角及厚度变化较大，大放角收台时不均匀。

2）龙门板或控制线（桩）被碰撞。

3）内墙定位时，放线人员图省事，用排尺来确定内墙间距，由此容易发生偏差。

（3）组砌混乱，接槎不良，直槎通缝，水平灰缝高低不平，砂浆流淌不清理　其原因：

1）基础砌筑均在基槽（坑）内进行，空间窄小，操作人员不事先撂底排缝，不认真按技术要求进行砌筑，错误认为基础有大放角压不坏也压不倒，且基础很快就进行回填，埋入土内也就“隐蔽”了。此外施工管理检查也不严。

2）使用铺灰法砌筑较多，经常将砂浆铺的较长，再将砖摆上，造成灰浆厚度不均匀，下层厚度不匀时靠上层找齐。

（4）垂直度控制不严　由于基础砌筑的墙面高度一般不超过2m，在砌筑时无法用靠尺靠吊，没有随时对垂直度进行检查。

（5）防潮层失效　其原因是：基础顶层墙面不清理、不浇水，防潮层与基础顶面结合不良；或抹防潮层不用防水砂浆，抹完不覆盖浇水，养护不良，出现裂纹，影响防潮性能。

2. 防治措施

1）为防止组砌混乱，砌基础时一定要先进行干砖排缝，认真撂底。

2）要按要求设置皮数杆，认真挂线。较大的大放角宜用双面挂线。当采用外侧立皮数杆挂线时，应用水准尺随时校对（见图5-2）。

3）砌基础时如遇到高低错台，应先砌低处基础再砌高处基础。每层大放角错台时均要拉通线找平。

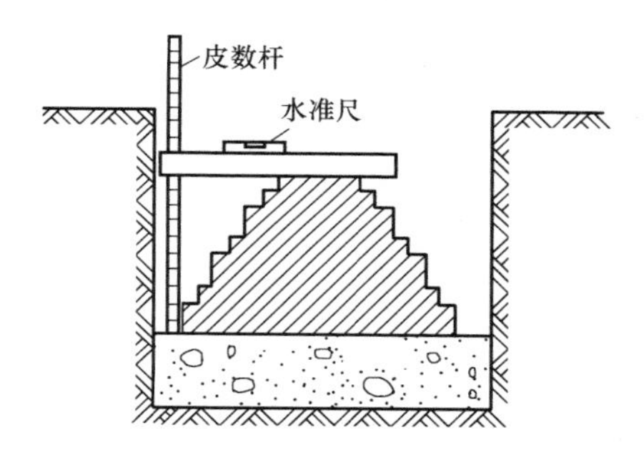

图 5-2　水准尺校对水平情况

4）防潮层必须使用防水砂浆，抹时不宜留施工缝，抹完后宜在上面铺 20~30mm 砂子，再盖上一层砖，浇水养生不宜少于 2d。

5）基础砌筑完成后要认真进行隐蔽检查，合格后方可回填。

第 5-11 问　砖墙砌筑中易出现哪些质量问题？有什么防治措施？

（1）易出现的问题　由于项目管理不严，工人技能素质差，培训不到位，砖墙砌筑中易出现下列质量问题：

1）撂底不认真，不先用干砖排缝，遇到洞口用砍砖解决。

2）皮数杆不按要求设置。

3）瓦工砌墙时不带靠尺、线坠。

4）同一道墙上砌筑的瓦工操作方法不一致。

5）砂浆超时不重新加水泥搅拌。

（2）防治措施

1）砌筑班组及人员要相对稳定。

2）对操作人员进行培训教育。

3）建立严格的责任制，如人名上墙、大技工把大角等。

4）加强现场监督检查。

第5-12问　砖墙留洞口时易出现哪些质量问题？有什么防治措施？

（1）易出现的问题

1）洞口两侧出现“阴阳脸”，有的阳角甚至用1/4砖找齐。

2）洞口两侧的垂直度超差。

3）门窗洞口两侧预埋件漏放或尺寸不准确。

4）门窗洞口四面预留的缝隙大小不一。

5）水、电用预留洞口常出错，造成以后重新在墙上凿眼堵洞。

（2）防治措施

1）严格复核撂底排砖。

2）窗口两侧上下的垂直度要经常串线，发现问题立即改正。

3）砌筑前将预埋件准备好，放在门窗洞口备用。

4）各工种相互配合，指定专人随时检查砌筑留洞口的位置是否准确。

第5-13问　砖墙留槎时易出现哪些质量问题？有什么防治措施？

（1）易出现的质量问题及其原因

1）退槎长度不够。其原因是：留退槎时需要满足规定的退槎坡度，因此需要退到一定长度，退槎越长越给操作者操作带来不便，因而易出现退槎长度不够的违规现象。

2）留直槎时，拉结筋漏放、少放或松动。其原因是：对设置拉结筋的重要性认识不足，配筋没时先准备或供应不及时，加之检查不严，导致漏放、少放；放拉结筋处的砂浆太薄或

维护不好被碰撞，使拉结筋产生松动。

3）槎口灰渣清理不干净，影响两墙的咬合质量。其原因是：在砌筑留槎时，没及时将砖上的砂浆清理干净，尤其是凹进部分没有耐心清理，残留下灰浆，待接槎时干灰浆不易清理，勉强接槎造成咬合不良。此处，留直槎时，挑出的砖槎容易不平直，上部灰缝不易严密，也是影响两墙咬合质量的原因。

4）拉结筋的材质差。其原因是：为降低成本，一般工地均利用边角余料加工拉结筋，同时对拉结筋质量控制不严。

5）在混凝土上植筋不牢固，产生松动现象。其原因是：在混凝土上钻孔植筋时，孔洞深度不够或孔洞中钻孔时残留的灰尘清理不干净，造成黏结不良，从而使植筋不牢固，产生松动。

（2）防治措施

1）从施工安排上下功夫，如采用内外墙同时砌筑、外墙大角两端一起砌筑、以尽量减少接槎处数。

2）退槎较长时，应增加立小皮数杆。

3）留直槎时，要教育操作者及时将接槎砖面上残留砂浆清理干净；经常检查突出的阳槎垂直度和接槎处的砂浆饱满度。

4）皮数杆上标明放拉结筋的位置，要严控拉结筋的材质和检查安放质量，砌筑前将拉结筋事先准备好。

5）对预留洞口的拉结筋要注意保护，尤其是施工洞口，防止碰撞造成松动。

第 5-14 问　砖墙砌筑中砂浆不饱满的主要原因是什么？

砌筑砂浆度不饱满的主要原因如下；

1）砂浆稠度差，砌筑时挤浆费劲。

2）铺灰过长，砂浆中的水分被砖吸收，使砖与砂浆黏结力差。

3）瓦刀刮灰时，只刮四周，中间空心。

4）砌块侧面较大，竖灰刮不满，灌竖灰缝不严密。

5）清水墙预留的缩口太大。

6）干砖上墙，干砖表面的粉尘影响黏结力。

第5-15问　怎样划分砖砌体工程质量检验批？

砌筑工程按其材料一般可分为砌体结构、混凝土小型空心砌块、石砌体、配筋砌体和填充墙砌体五大类，分别规定其验收方法。

其中砌体结构验收方法一般的适用范围为烧结普通砖、烧结多孔砖、蒸压灰砂砖和粉煤灰砖等砌筑的砌体。

实际工程质量检查验收是按一个“检验批”来进行的。达到合格标准，方可继续进行施工。

砌体工程检验批是按楼层、变形缝、施工段来划分的，同时一个“检验批”不超过250m^3砌体。如果一栋楼一层中间有一个变形缝，则这一层就应划分为二个“检验批”；如果其中一个变形缝内又分为两个施工段施工，那么这一层楼层就又变成为三个“检验批”；再假如其中有一个施工段内的砌体数量超过250m^3，那么这个施工段内又应该按每250m^3作为一个“检验批”来划分。

第5-16问　砌体工程对原材料及砂浆质量验收批有什么要求？

（1）砖　烧结普通砖每15万块、烧结多孔砖每5万块、灰砂砖和粉煤灰砖每10万块为一检查批，不足上述数量的按

一批计，每批抽检一组。

（2）砂浆

1）每 250m^3 及以内的砌体中，各种类型的砂浆及不同强度等级的砂浆不少于三组试件。

2）如现场搅拌，每班每台搅拌机至少抽检一次砂浆试件。

3）当同一验收批只有一组试件时，其抗压强度的平均值必须大于设计强度的等级要求。

以上的检查数量均以一个单位工程为准，检查均以法定的第三方检测单位的试验报告为准。

第 5-17 问　砌体工程检查验收标准中主控项目有哪些？

表 5-1 即为砖砌体工程检验批质量验收表。表中上半部分是主控项目，属于主控项目的都必须符合规范和设计要求，凡是超过表中的要求值，必须返工或重砌。

检查方法：

（1）砖和砂浆强度　符合设计和规范要求。

（2）斜槎留置　每检验批不少于 20%，且不少于 5 处，其中拉结筋除长度和材质必须符合要求外，其上下层间距偏差不超过 100mm。

（3）砂浆饱满度（砖墙为 80%、砖柱为 90%）每检验批抽查不少于 5 处。

（4）轴线位移　全数检查。

（5）垂直度

1）外墙阳角全高不少于 4 处，每处 2 点；每层每 20m 检查 1 处，每处 1 点。

2）内墙检查有代表性的房间 10%，且不少于 3 间，每间不少于 2 处，每处 1 点。

3）柱不少于5根，每根检查2点。

表5-1　砖砌体工程检验批质量验收表

工程名称		分项工程名称		验收部位	
施工单位		专业工长		项目经理	
施工执行标准名称及编号					
分包单位		分包项目经理		施工班组长	

	施工质量验收规范的规定		施工单位检查评定记录										合格率%	监理（建设）单位验收记录
主控项目	1. 砖强度等级	设计要求MU												
	2. 砂浆强度等级	设计要求M												
	3. 斜槎留置	5.2.3条①												
	4. 转角、交接处	5.2.3条②												
	5. 直槎拉结筋及接槎处理	5.2.4条③												
	6. 砂浆饱满度	≥80%（墙）												
		≥90%（柱）												
	序号　项目	允许偏差/mm	实际偏差/mm 1	2	3	4	5	6	7	8	9	10	合格率%	监理（建设）单位验收记录
一般项目	1. 轴线位移	≤10												
	2. 垂直度（每层）	≤5mm												
	3. 组砌方法	5.3.1条④												
	4. 水平灰缝厚度	5.3.2条⑤												
	5. 竖向灰缝宽度	5.3.2条⑥												
	6.基础、墙、柱顶面标高	±15以内												
	7. 表面平整度	≤5（清水）												
		≤8（混水）												
	8. 门窗洞口高、宽（后塞口）	±10以内												
	9. 窗口偏移	≤20												
	10. 水平灰缝平直度	≤7（清水）												
		≤10（混水）												
	11. 清水墙游丁走缝	≤20												

施工单位检查评定结果	项目专业质量检查员：　　项目专业质量（技术）负责人　　年　月　日
监理（建设）单位验收结论	监理工程师（建设单位项目工程师）：　　年　月　日

①~⑥均指《砌体结构工程施工质量验收规范》（GB 50203—2011）中相应条款的要求。

第5-18问　砌体工程检查验收标准中一般项目有哪些？

砌体工程检查验收除了上述对主控项目进行严格检查外，

根据国家规定，还须要对一般项目进行检查，见表 5-1 中的下半部分项目。

检查方法如下：

1）组砌方法主要检查内外墙上下左右的搭接错缝处数，以及柱子有无包心柱。

抽查数量：外墙每 20m 为 1 处，每处 3~5m，且不少于 3 处；内墙抽查有代表性的房间 10%，且不少于 3 间。

另外还要求清水墙、窗间墙无通缝；混水墙中长度 250~400mm 的通缝，每间不超过 3 处，且不得在同一面墙上。

合格的标准是 80%及以上的抽查处须符合要求。

2）10 皮砖的水平灰缝累计误差不超过正负 8mm。

主要检查水平灰缝是否横平竖直，厚薄是否均匀，是否均在 8~12mm 以内。

检查数量：每步架施工的砌体，每 20m 抽查 1 处（10 皮的累计数），以皮数杆上的厚度为准。

合格的标准是 80%及以上的抽查处须符合要求。

3）基础顶（楼）面标高用水平仪或钢尺检查，不应少于 5 处，每处 1 点。

4）表面平整度用 2m 靠尺及塞尺检查，抽查 10%房间，且不少于 3 间，每间不少于 2 处，每处检查 2 点。

5）门窗洞口用钢尺检查，抽查洞口的 10%，且不少于 5 处，每处 2 点。

6）窗口位移检查时，以底层窗口为准，用经纬仪或吊线检查，抽查 10%且不少于 5 处，每处 1 点。

7）水平灰缝拉 10m 线检查，数量同上述第 2）项。

8）清水墙游丁走缝用吊线及尺检查，以每层的第一皮砖为准，抽查数量同上述第 2）项。

以上 3）~8）项的合格标准是在允许偏差以内的合格点

（处）必须达到80%及以上。

第5-19问　砌毛石基础时易出现哪些质量问题？

（1）易出现质量问题

1）挖土不放坡，基槽内没有操作面，采用满槽砌的错误方法。

2）毛石规格不好，砌第一皮毛石时，不挑大毛石，没有做到大面朝下坐稳。

3）用碎石填芯后再灌浆。

4）不按要求砌拉结石。

5）大放脚错台时，台面毛石不压砌。

（2）防治措施

1）基础内要留出操作面，不得采用满槽砌的方法。

2）采购规格符合要求的毛石或派专人加工。

3）事先选好要砌的拉结石和长条压边石。

第5-20问　砌毛石墙时易出现哪些质量问题？

（1）易出现的质量问题

1）上下皮不错缝，出现重缝、空缝和孔洞（见图5-3）。

2）石块间有较大空隙，干填碎石，砌成铁锹口石（光面倾斜向外）、斧刃石、过桥石（见图5-4）。

3）毛石墙与砖墙相接的墙角处不同时砌筑，转角处没有按图5-5和图5-6的要求砌筑。

4）毛石墙的高度不按要求控制，超过1.2m。

（2）防治措施

1）采购规格符合要求的毛石或派专人加工。

2）设置龙门板，双面挂线。

3）空隙较大时，先铺砂浆后填实碎石。

4）转角处与小型砌块的进程同时砌筑。

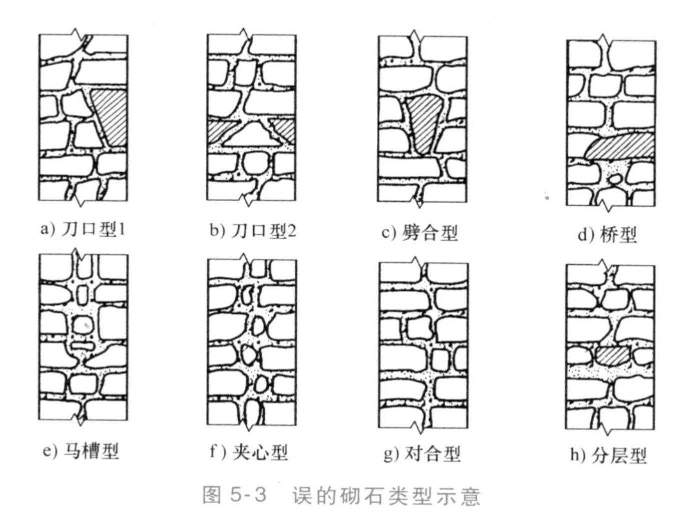

a) 刀口型1　b) 刀口型2　c) 劈合型　d) 桥型

e) 马槽型　f) 夹心型　g) 对合型　h) 分层型

图 5-3　误的砌石类型示意

铁锹口石　斧刃石　过桥石

图 5-4　锹口石、斧刃石、过桥石示意

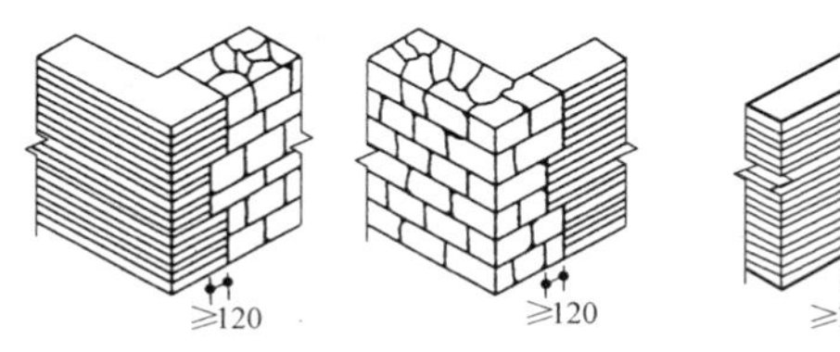

图 5-5　转角处石墙与砖墙相接示意

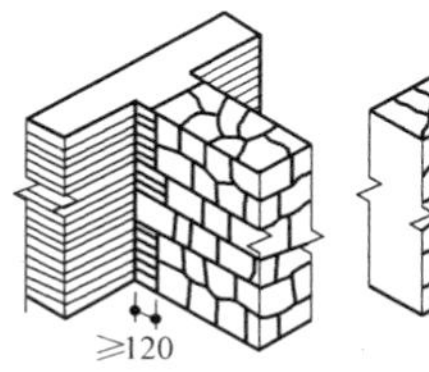

图 5-6　交接处石墙与砖墙相接示意

第5-21问 混凝土小型砌块为什么要求必须养护28d才能砌筑？

混凝土小型砌块是以水泥为胶凝材料并通过自然养生达到要求的强度，因水泥在28d以内的收缩较大，强度仍在不断增长。所以，为了有效地控制砌体因砂浆收缩而产生裂缝和保证砌体的强度，规范规定小型混凝土砌块凡是通过自然养生成型的，必须等到28d后，才能上墙砌筑。

第5-22问 小型混凝土砌块为什么要底面朝上反砌？

小型混凝土砌块的底部比较平整，而上部较为粗糙，所以在砌筑时，将较为平整的底面朝上，这样便于铺砂浆，同时也保证水平灰缝的平直和砂浆饱满度。这种砌筑方法是确保砌体强度的一个重要措施。

第5-23问 混凝土小型砌块砌筑前需怎样浇水？

轻骨料混凝土小型砌块和用石子作主要骨料的普通混凝土小砌块的浇水要求不一样。普通混凝土小砌块的吸水率低，且吸收速度迟缓，而轻骨料混凝土小型砌块的吸水率较大。因此，对普通混凝土小砌块则应提前浇水湿润，确保砂浆不至失水而影响强度，但要避免浇水过多而产生砂浆流淌。对轻骨料混凝土则应按施工要求，提前2d对砌块进行洒水湿润，砌筑前不得再洒水湿润，应在基本干燥状态下砌筑，否则以后会造成墙面潮湿。

第5-24问 混凝土小型空心砌块在砌筑中易出现哪些问题？

（1）易出现的问题

1）由于摆底排砖不认真，主辅砌块规格不齐全，造成组砌不当。

2）砂浆稠度不良，砌块表面干燥，侧面竖缝不满刮砂浆，出现夹缝、瞎缝和透亮等质量缺陷。

3）主辅砌块规格供应不及时，断裂的砌块上墙。

4）责任不清造成拉结筋不符合要求、漏放，或空洞未按要求灌混凝土。

5）顶层没有留空隙，直接封砌。

6）门窗、洞口预埋件及管道预留不准确等。

（2）防治措施

1）摆底排砖要从基础开始，要精确计算，尽量采用主规格和大规格的砌块，门窗洞口、预留洞口（含施工洞口）及管道预留等均事先确定好。

2）侧面竖缝灰浆宜用满刀刮灰法，并认真刮满竖缝灰浆。

3）各工种要明确分工相互配合。钢筋工应负责提供各种型号的拉结筋，并直接送至现场具体施工部位；水、电、木等工种要派专人对各自的埋件、预留管线、孔洞进行预留（预埋）施工；混凝土工要及时浇灌小型砌块芯柱；

第 5-25 问　混凝土小型空心砌块工程质量检查验收中，主控项目有什么？

混凝土小型空心砖块工程检验批质量验收记录见表 5-2。表中属于主控项目的必须符合规范和设计要求，超过表中要求时必须返工或重砌。

其检查方法：

1）砌块强度和砂浆强度必须符合设计和规范的要求，并不得使用断裂的砌块。

2）水平灰缝的饱满度大于或等于90%，竖向灰缝的饱满度大于或等于80%，凹槽部位应用砂浆填实，不出现瞎缝、透明缝。

表5-2 混凝土小型空心砖块工程检验批质量验收记录

工程名称			分项工程名称										验收部位	
施工单位			专业工长										项目经理	
施工执行标准名称及编号														
分包单位			分包项目经理										施工班组长	
主控项目	项目		施工单位检查评定记录										合格率（%）	监理（建设）单位验收记录
	1. 小砌块强度等级	设计要求MU												
	2. 砂浆强度等级	设计要求M												
	3. 混凝土强度等级	设计要求C												
	4. 转角、交接处	6.2.3条①												
	5. 斜槎留置	6.2.3条②												
	6. 施工洞口砌法	6.2.3条③												
	7. 芯柱贯通楼盖	6.2.4条④												
	8. 芯柱混凝土灌实	6.2.4条⑤												
	9. 水平缝饱满度	≥90%												
	10. 竖向缝饱满度	≥90%												
一般项目	项目	允许偏差/mm	实际偏差/mm										合格率（%）	监理（建设）单位验收记录
			1	2	3	4	5	6	7	8	9	10		
	1. 轴线位移	≤10												
	2. 垂直度（每层）	≤5												
	3. 水平灰缝厚度	8~12												
	4. 竖向灰缝宽度	8~12												
	5. 顶面标高	±15以内												
	6. 表面平整度	≤5（清水）												
		≤8（混水）												
	7. 门窗洞口	±10以内												
	8. 窗口偏移	≤20												
	9. 水平灰缝平直度	≤7（清水）												
		≤10（混水）												
施工单位检查评定结果	项目专业质量检查员： 项目专业质量（技术）负责人： 年 月 日													
监理（建设）单位验收结论	监理工程师（建设单位项目工程师）： 年 月 日													

①~⑤均指《砌体结构工程施工质量验收规范》（GB 50203—2011）中相应条款的要求。

检查数量：每检验批不少于3处，每处不少于3块砖（取平均值）。

3）墙体转角和纵横交接处的留槎是否符合要求。

检查数量：每检验批抽20%接槎且不少于3处。

4）轴线位移：全数检查墙、柱的轴线。

5）垂直度检查：

外墙：阳角检查全高且不少于4处，每层每20m抽查1处。

内墙：10%房间且不少于3间，柱不少于5根。

第5-26问　混凝土小型空心砌块工程质量检查验收中，一般项目有什么？

混凝土小型空心砌块工程质量检查验收中除了对主控项目进行严格检查外，还要对一般项目进行抽查（见表5-2）。

1）对基础顶面及楼面标高进行检查，每楼层不少于5处。

2）墙面的表面平整度用2m靠尺及塞尺检查，抽查10%房间且不少于3间，每间不少于2处，每处1点。

3）门窗洞口尺寸，抽不少于10%洞口，且不少于3处，每处检2点（高宽各1点），洞口尺寸须将预留的尺寸考虑在内。

4）外墙窗洞偏移，以底层窗为准，用经纬仪或吊线检查，抽查不少于10%洞口且不少于3处，每处1点（一侧）。

5）水平灰缝平整度，拉10m线检查，数量同上第2）项。

6）灰缝厚度（以皮数杆为准），每楼层检查3处，每处1点。

以上项目中，每项均不超过表5-2中的允许偏差值的80%及以上时，方为合格。

其他墙体（如石砌体、配筋砌体、填充墙砌体等）的检查验收方法本书就不一一细述。

第5-27问　现场搅拌砂浆强度不稳定的原因是什么？有哪些防治措施？

（1）主要原因

1）由于搅拌机上的配套设备（如水、砂计量）不完善，配合比不准。

2）水泥混合砂浆中塑化剂超量。

3）塑化材料材质不良，如石灰膏中灰渣比较多。

4）搅拌时间不够，塑化材料没有散开。

5）试块制作出差错，没有代表性。

（2）防治措施

1）砂浆配合比确定之后，要根据现场砂的含水率加以调整。

2）不得采用增加微沫剂及其他掺合料方法来改善砂浆的稠度；

3）按顺序加料，一般应将一部分砂子和掺合料先进行搅拌，然后加入其余的砂子和水泥。

4）认真做好试块并加强试块养护和保管。

第5-28问　现场搅拌砂浆稠度差，操作困难的原因是什么？有哪些防治措施？

（1）原因分析　现场搅拌砂浆稠度差，或稠度不稳定，给操作带来困难，除计量不准外，还有下列原因：

1）强度等级低的水泥砂浆，由于水泥用量少，往往稠度差。

2）水泥混合砂浆中掺合料的质量差。

3）采用高强度等级水泥配制砂浆，由于水泥用量相对少，导致砂浆稠度低。

4）砂子过细或原材料不计量、搅拌时间短。

5）无计划搅拌砂浆，导致砂浆存放时间超时。

6）灰槽不清底，陈旧砂浆结硬。

（2）防治措施

1）当低等级水泥砂浆无法改为水泥混合砂浆时，可掺微沫剂或水泥用量5%~10%的粉煤灰（应经试验确定掺量），以改善其稠度。

2）加强对掺合料的质量控制。

3）搅拌好的砂浆控制在2h内用完；每日搅拌的砂浆，当日必须用完，灰槽经常清底。

4）严禁使用隔日的砂浆。

5）采用商品砂浆。

第5-29问　标准实心砖外墙渗漏水的原因是什么？有哪些防治措施？

（1）原因

1）砌筑砌块表面太干（详见上第5-8问）。

2）由于操作原因，砌筑砂浆水平及竖向灰缝饱满度不够。

3）砌筑砂浆稠度差，影响砂浆的黏结力及砂浆饱满度。

4）外墙脚手眼及模板眼封堵不严。

（2）防治措施

1）对砂浆的稠度要严格进行控制，现场使用的砂浆不要超过2h。

2）灰缝厚度不大于20mm，水平灰浆饱满度应在90%以上，竖向灰浆饱满度应在80%以上。

3）抹灰前要对封堵的洞孔进行清理，并用水冲洗。

4）封堵的材料应用与墙体一样的材料。当封堵表面低于墙面时，应先抹灰找平。

第5-30问　加气混凝土砌块外墙漏水的原因是什么？有哪些防治措施？

（1）原因

1）操作不严格，灰缝砂浆不密实、不饱满、有瞎缝和透明缝，进而形成墙体渗漏通道。

2）墙体上脚手眼或砌块自身损伤处未认真处理，从而形成渗漏通道。

3）门窗框周围嵌缝不严密、嵌缝材质不好而产生干缩裂缝，进而形成渗漏通道。

4）由于窗台缝小不易操作，未密封或窗台坡度小，产生雨水倒灌而渗漏。

5）未注意排水处理，如挑沿、窗台处的滴水、泛水等措施不当。

（2）防治措施

1）灰缝要求横平竖直，厚度均匀，水平灰缝厚度不超过20mm，垂直灰缝厚度不超过15mm。

2）灰缝应饱满，随砌随勾缝，勾成外表低于墙面3mm左右的凹缝。

3）砌筑应采用挤浆法或灌浆法，砌一块，灌勾一块。

4）要处理好混凝土框架梁、柱与砌块之间的接缝。

5）认真按操作规程砌筑，不允许出现瞎缝及透明缝。

6）各种孔眼在抹灰前必须堵塞并填补密实。

第5-31问　混凝土小型空心砌块墙体裂缝产生的原因是什么？有哪些防治措施？

（1）原因

1）砌块本身的材质问题，如养生不到位、运输搬运中损坏、含水率高、干湿不均匀等，使用后墙体产生收缩裂缝。

2）设计时构造上没有考虑防裂措施。

3）温度应力的影响。由于温度的变化，产生热胀冷缩现象，而设计又未采取防治措施，从而造成墙体裂缝。

4）施工操作控制不力，如砌块不规范、表面湿润不一致、铺灰厚度不均匀、灰缝不密实（尤其是竖缝）。

5）堆放保护不力。例如堆放高度太高，因为地基处理不

当形成倾斜，堆放处没有防水措施等。

（2）防治措施

1）砌块进场要严格进行验收，达不到质量要求的不准进入现场。

2）设计上应采取相应的防裂构造措施。

3）加强施工中的质量控制，如严格控制砌块的龄期，采用专用的砂浆砌筑，保证使用黏结力强稠度好的砂浆。一般宜采用稠度为50mm的混合砂浆。不宜采用水泥砂浆。

4）墙体底层和顶层的砂浆强度等级不宜低于M7.5级。

5）控制日砌筑高度不超过1.5m。

第5-32问　基础的成品保护应注意哪些事项？

1）轴线桩、水平桩应设置防护和标志，防止碰撞，待基础砌完并经复查合格后，方可拆除。

2）对基础内的预埋管道（线、件），不得碰撞损坏。

3）回填土应两侧同时进行，暖气沟墙未回填土的一侧应加支撑。

4）回填土应分层夯实，不允许向槽内灌水取代夯实。

5）不得在基础墙上或附近行驶车辆，以免损坏墙顶和碰撞墙体。

第5-33问　墙体的成品保护应注意哪些事项？

1）墙体内各种钢筋及预埋件均应加以保护。

2）吊装平台或其他构件时，防止碰坏已砌好的墙体。

3）在进料口周围的墙体应进行遮盖，保持墙面洁净。

4）砌筑时防止砂浆流淌污染墙面。

5）先装饰墙面后抹地面时，防止地面灰对墙面污染。

6）浇筑构造柱、圈梁混凝土时，防止流淌下来的水泥浆污染墙面。

第5-34问　混凝土小型空心砌块墙的成品保护应注意哪些事项?

1）对已埋设的固定门窗框预埋件要有专人保护检查。

2）当发现漏放（埋）或未预留而确实需要开槽时，应用机械切割。

3）浇筑混凝土芯柱、构造柱、圈梁时，要小心振捣，防止震裂墙体。在浇筑圈梁时，应防止混凝土灌入砌块的孔芯中。

4）浇筑梁板时，防止混凝土或砂浆污染墙面。

5）对预埋的钢筋不得随意踩倒、弯折。

6）应待砌筑砂浆达到一定强度后，才能在墙上支设模板，支设模板时防止撞动墙体砖或砌块。

7）不要随意碰撞或撬动墙体，如发现应拆除重新砌筑。

第5-35问　为什么有时房屋未完工，墙体开裂了?

（1）原因分析　这是由于环境温度变化，引起的墙体开裂，具体分析如下：

1）顶层纵墙两端（一般在1~2开间的范围内）出现八字裂缝（见图5-7)。这种裂缝往往发生在夏季，在浇筑屋顶圈梁或挑檐混凝土后，屋面的保温层尚未施工前。由于混凝土和

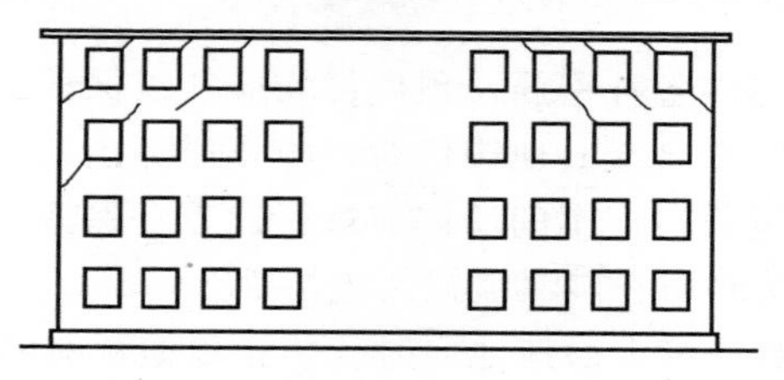

图5-7　八字裂缝情况

砖的线膨胀系数不同（两者大约差一倍），在较大温差情况下，纵墙两端受山墙制约不能自由收缩，因此在两端产生八字裂缝。

2）产生在顶层圈梁与砖相交处，一般在圈梁底或圈梁下2~3皮砖的灰缝处出现水平裂缝，两端较中间严重，在大角转角处形成包角状裂缝（见图5-8）。这也是由于两种材料线膨胀系数差异较大，在较大温差下伸缩不一样而产生的水平裂缝。

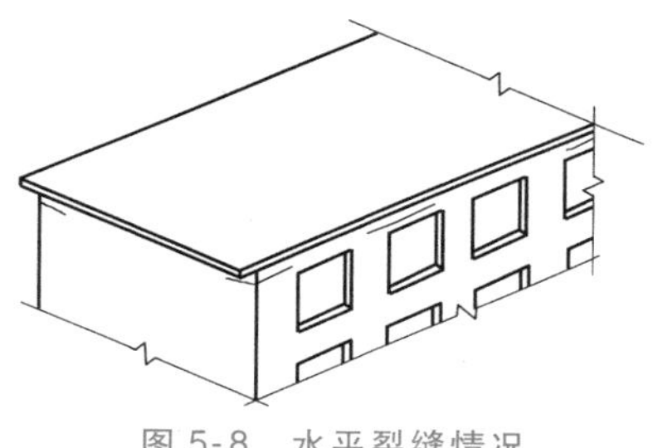

图5-8　水平裂缝情况

（2）防治措施

1）根据砌体的墙体建筑体型和构造，选择合适的温度伸缩区段（见表5-3）。

表5-3　砌体房屋温度伸缩的最大间距

序号	屋盖或楼盖类别		间距/m
1	整体式或整体装配式钢筋混凝土结构	有保温层或隔热层的屋盖或楼盖	50
		无保温层或隔热的屋盖	40
2	装配式无檩体系钢筋混凝土结构	有保温层或隔热层的屋盖或楼盖	60
		无保温层或隔热的屋盖	50
3	装配有檩体系钢混凝土结构	有保温层或隔热层的屋盖	75
		无保温层或隔热层的屋盖	60
4	瓦材屋盖、木屋盖或楼盖、轻钢屋盖		100

2）屋面应设置有效的保温层和隔热层，尽量避开高温季节施工屋面，尽可能降低温度变化的影响。

3）房屋两端圈梁下的墙体中，适当设置2~3道水平拉结筋或钢丝网。

4）在顶层门窗洞口过梁上的水平灰缝中设置拉结筋或钢丝网。

第六篇

安全环保

本篇内容提要

本篇主要介绍砌筑工程的安全施工要求、对施工现场的环保要求，以及与砌筑工人自身保护有关的问题。

第 6-1 问　砌筑工程安全生产的一般要求是什么？

1）进场前进行身体健康检查，不满 18 周岁的未成年人，不能从事砌筑工作。

2）进入施工现场的砌筑工人必须进行安全教学培训，并参加测试，合格后方可进场施工。

3）施工前，要认真查看现场各种安全措施是否符合要求。

4）进入施工现场必须戴安全帽。

5）高处作业不得穿硬底鞋和带钉易滑的鞋，严禁赤脚、穿拖鞋、高跟鞋进入施工现场。

6）沟槽、洞口处夜间应设置红灯警示。

第 6-2 问　基础施工时应注意哪些安全问题？

1）基础施工前必须检查槽（坑），确保支撑牢固，防止塌方事故。

2）施工过程中要注意周围土层变化情况，发现裂缝或其他不正常情况，应立即撤离。

3）基槽顶面两侧 1m 内，严禁堆放材料。

4）当基槽（坑）深度超过 1.5m 时，向下运送材料要使用机具或溜槽，人上下要有踏步或梯子，槽（坑）上方四周应设 1.2m 高安全防护栏杆。

5）基槽内应留有 400mm 的操作宽度。

第 6-3 问　砌筑石砌体时应注意哪些安全问题？

1）破石时应先检查铁锤有无破裂，锤柄锤头是否牢固，以免伤人。

2）搬运料石应检查搬运工具及绳索是否牢固。抬石料应采用双绳。

3）不得在墙顶和脚手架上修凿石材，以免振动墙体或碎片掉下伤人。

4）不得在超过人胸部以上的墙体上砌筑石材，以免墙体碰撞倒塌或上石时掉下伤人。

5）石块不得往下投掷，架子上堆石不可过多。

第 6-4 问　砖砌体砌筑时应注意哪些安全问题?

1）挂线用的线坠必须用小线绑牢固，防止掉下砸人。

2）砌出檐砖时，应先砌丁砖，待下边牢固后，再砌二皮出檐砖。

3）不得在正砌筑的墙顶上走人。

4）不得站在墙顶上砌筑、刮缝、清扫墙面或检查大角垂直等。

5）不得将碎砖、落地灰、杂物等向下抛扔。

6）在架子上砍砖时，操作人员必须面向里，防止砍下的砖坠落砸人。

第 6-5 问　砌块砌筑时还应注意哪些安全问题?

砌块砌筑时，除了要注意第 6-4 问中的问题外还应注意以下方面：

1）使用的机械要有专人操作管理，上班前检查无误后方可施工。

2）吊装用的易磨损件（如夹钳、钢丝绳等），要经常检查维修。

3）不应将砌块堆放在脚手架上。

4）对稳定性较差的窗间墙、独立柱和突出墙面较多的部位，应增加临时支撑。

第 6-6 问 砌筑时对脚手架有哪些安全要求?

1）当砌筑高度超过 1.2m 时，应搭设脚手架。

2）在一层以上或高度超过 4m 时，如采用里脚手架，则必须沿房四周支搭安全网；如采用外脚手架，则除必须沿房四周支搭安全网外，还应设防护栏杆和挡脚板，并随施工高度逐层提升。屋面工程未完工不得拆除脚手架。

3）脚手架上堆放材料不得超过规定荷载，实心砖不得超过 3 皮，同一脚手板上站立人数不应超过 2 人。

4）砌筑作业面下方不得站人，当同一垂直作业面上下交叉作业时，必须设置安全隔离层。

第 6-7 问 吊装运输材料中应注意哪些安全问题?

1）运输材料时，前后运输车（手推车）的间距不得小于 2m，在坡道上时不得小于 10m；装车时先取高处，后取底处。

2）运输中如遇沟槽，应搭设便桥，便桥宽度不小于 1.5m。

3）垂直运输用的吊笼、滑车、绳索等器具，必须满足负荷要求，吊运时不得超载，并要经常检查，发现问题及时修复。

4）吊运砌块时必须采用铁笼和托板集中装吊，待砌块放稳后才能松开吊具。

5）用起重机吊砖笼运砖时，材料要均匀分布，严禁在脚手架上装卸砖笼。

6）吊运砖或砂浆时，起重机司机应与信号工密切配合，禁止超载、斜吊，吊臂回转范围内不得有人停留。

7）运输砂浆时，料斗内不能装得太满，吊笼或料斗要下降落地时，砌筑人员要临时躲避。

第6-8问 冬、雨期施工应注意哪些安全问题?

1）冬期施工如遇到有霜、雪，必须先将架子上、沟槽内的霜、雪清理干净，然后才能施工。

2）雨期暂停施工时，要对刚砌完的砌体采取防雨措施，防止雨水将砂浆冲走，引起墙体倒塌。

3）台风季节施工时对墙上已砌好的砌块必须进行灌缝，并及时安装楼板、浇筑圈梁，或对砌体采取临时加固措施。

4）大风、大雨、冰冻等异常气候之后，应检查砌体的垂直度有无变化，以及有无开裂、不均匀下沉等现象。

第6-9问 高层建筑施工对安全有哪些特殊要求?

高层建筑施工中，除严格执行一般建筑工程安全防护技术措施外，还要采取以下的安全防护措施：

1）深度超过2m的基槽（坑）四周沿边设置两道防护栏杆，夜间设红色标志灯。

2）除按规范设置安全网外，首层外墙四周必须设置6m宽双层水平安全网。二层以上每隔四层还应固定一道3m宽单层水平安全网，直至高处作业完成时方可拆除。

3）搞好“四口”（即楼梯口、电梯井口、预留洞口、上料口）、“五临边”（即阳台周边、屋面周边、框架结构楼层周边、斜道两侧边、卸料平台的外侧边）的防护。

第6-10问 施工现场噪声应如何控制和管理?

施工现场应控制噪声，不得干扰周围居民的生活和休息，为此要注意以下几方面：

1）夜间作业时，不得有硬物敲击声，不得露天切割砌块。

2）现场用发电机、搅拌机等，应封闭围挡，采取隔声、消声措施。

3）夜间运输车辆行驶时应尽量少按喇叭。

第6-11问　应采取哪些措施控制施工现场的粉尘污染？

1）施工现场应实行封闭式管理，场内主要道路需硬化，易起尘土的施工面应及时浇水围挡。

2）散装水泥和易飞扬的细颗粒散体材料，应尽量安排库内存放，如露天存放，应采取严密遮盖。运输与装卸时也要注意尽量减少粉尘扩散。

3）主要运输车辆进出入的大门口，要设置车辆洗水槽（池），及时清刷车辆上泥土。

4）尽量采用商品混凝土和商品砂浆，当必须现场搅拌时，必须采取相应的防尘措施。

5）生石灰熟化时，应适当配合洒水，杜绝扬尘。

6）砌块切割要选定加工点，进行封闭作业，保证隔声良好，防止尘土飞扬。作业人员应戴口罩。

第6-12问　施工现场材料堆放应注意哪些事项？

1）各种露天材料均要按照施工总平面图指定的位置堆放。

2）固体废弃物要分类堆放，如废砖、废砌块、钢筋头等。

3）现场的碎料、落地灰应集中堆放，集中外运，做到活完料净脚下清。

第6-13问 砌砖工可采取哪些手指保护措施？

1）保持正确的拿砖姿势。砖拿到手上后，用手指卡住，减少手指与砖的反复摩擦；不要提着砖去铲灰，减少砖在手中的停留时间；砖拿起后，将手腕翻转，采用托砖姿势。

2）手眼配合选砖，要做到“拿一选二”，即拿第一块砖时，选好下两块砖，减少手指与砖的接触次数。不要反复旋转选砖，尽量减少多余动作。

3）铺灰要准。铺灰时一般情况下，铺的虚灰厚度比灰缝厚度大 5mm 左右，如灰缝要求 10mm，则铺的虚灰厚度为 15mm，这样铺灰后只要一揉就可，不会出现反复揉槎砂浆的现象。

4）阴雨天手指保护。阴雨天砖含水量过多，重量增加，手指与湿砖表面接触后，手指变软，砖表面的粉尘、砂粒等物会将手指磨破，因此，拿砖的手要戴上手套，并用胶布将手指包起来。

第6-14问 砌筑时有哪些预防腰部疲劳的保护措施？

（1）砌筑前做些准备活动

1）可做些如弯腰、屈腿、跑步、跳跃或举臂伸肢等动作，先活络活络各关节。

2）可在腰部贴上活血止痛膏、消炎止痛膏或关节止痛膏等外用药。

（2）动作配合协调

1）砌筑动作要柔韧和灵巧，要有节奏，手、足、腿协调配合。

2）腰部要有一定幅度的前后活动余地，使其避免始终处

于一个固定的位置。

3）弯腰不要太大，臀部不能抬得过高，避免人体重心过高，腰部疲劳。三种正确的弯腰姿势的动作示意如图 6-1 所示。

a) 丁字步弯腰1　b) 丁字步弯腰2　c) 丁字步弯腰3

d) 并列正步弯腰　e) 侧身弯腰1　f) 侧身弯腰2

图 6-1 三种正确的弯腰姿势的动作示意图

（3）劳逸结合

1）砌筑过程中，一般每砌 1~2h，应休息 5~10min。

2）砌筑中也可用稍立直腰、伸腿等来缓解一下疲劳。

3）要掌握好砌筑速度，既能跟上线，又不至于太费劲。

第 6-15 问 施工中发现了危险征兆该怎么办？

在施工中如发现了危险征兆时（如墙体倾斜、裂缝），应采取以下措施：

1）立刻暂停施工。

2）撤至安全区域。

3）立即向上级有关部门报告。

4）未经过施工技术部门或安全部门同意，严禁恢复施工。

5）应在工程技术人员或安全部门管理人员的指挥下，排除险情。

第6-16问　安全事故的分类及标准是怎么规定的?

1）轻伤事故：指造成劳动者肢体伤残，或某些器官功能轻度损伤的事故，事故后果表现为劳动能力轻度或暂时丧失。

2）重伤事故：指造成劳动者肢体残缺或视觉、听觉等器官受到严重损伤的事故，事故后果一般能引起人体长期存在功能障碍或劳动者能力受到严重伤害。

3）死亡事故：指一次事故中伤亡1~2人的事故。

4）重大死亡事故：指一次事故中伤亡3人以上的事故。

5）急性中毒事故：指生产性毒物一次或短期内通过人的呼吸道、皮肤或消化道大量进入人体内，使人体在短时间内发生病变，导致职工立即中断工作，并需要进行急救或导致死亡的事故。

第6-17问　如何处理和追究安全事故责任?

1）凡发生重伤及重伤以上的安全事故时，均要成立事故调查组。

2）事故处理均由事故发生的企业负责。

3）因忽视安全生产、违章作业、违章指挥、玩忽职守造成伤亡事故的，或因存在事故隐患、危险情况而不采取有效措施以至造成伤亡事故的，由单位主管部门或所在单位按照国家有关规定，对单位负责人和直接责任人给予行政处分；构成犯罪的，由司法机关依法追究刑事责任。

4）在伤亡事故发生后隐瞒不报、谎报、故意延迟不报、故意破坏现场或无正当理由拒绝接受调查以及拒绝提供有关情况和资料的，由有关部门按照国家有关规定，对有关单位负责人和直接责任人员给予行政处分；构成犯罪的，由司法机关依法追究刑事责任。

5）在调查、处理伤亡事故中玩忽职守、徇私舞弊或者打击报复的，由其所在单位按照国家有关规定给予行政处分；构成犯罪的，由司法机关依法追究刑事责任。

第七篇

工种的配合

本篇内容提要

本篇重点介绍砌筑工程与架子工、木工、混凝土工、钢筋工、管道工、电工等的配合要求。

第7-1问　架子工配合砌筑工程的一般要求有哪些？

砌筑工程中，架子工是最主要的配合工种。脚手架搭设质量的好坏对施工人员的人身安全、工程进度和工程质量均有直接影响，为此，脚手架必须满足以下要求：

1）要有足够的坚固性和稳定性，不能变形、倾斜或摇晃。

2）要提前提供足够大架子工作面，以满足工人操作、材料堆放及车辆行驶的需要。

第7-2问　基础砌筑对脚手架的要求有哪些？

1）沟槽（坑）深度超过1.5m时，在上方要增加安全防护栏杆。

2）人工垂直往上或往下（坑、槽）传递砖石时，要搭设传递砖的脚手架，脚手架的站人宽度不应小于600mm。

3）运砖（石）上下的脚手板要牢固，设防滑条及扶手栏杆。

4）深度超度2m时，要设置上下人踏步或梯子。

5）横过沟槽时，要搭设人行及运输便桥。

第7-3问　墙体砌筑对脚手架的要求有哪些？

1）脚手架的基础应坐落在坚实的地面（垫层上），不得发生下沉现象。

2）当墙身砌筑高度超过地面1.2m时，应搭设脚手架。

3）架子工要经常查看脚手架上堆料情况，不得超载。

4）不得用不稳固的工具或物体（如砖块）在脚手板面垫高，当作操作架子。

5）不得在规范及设计要求不允许的墙体上架设脚手杆。

6）操作面的跳板必须满铺，并要稳固，不得撬动，更不得出现“探头板”、“飞跳板”。

7）必须设人配合砌筑工跟班作业，并负责翻跳板工作。

8）发现脚手架出现险情，要立即告知砌筑工人停止作业，并迅速撤离现场。

第7-4问　内墙砌筑对脚手架的要求有哪些？

1）内墙使用简单的工具式里脚手架时，里脚手架应由架子工搭设。需要采取临时加固措施时，架子工要密切配合。

2）室内电梯井、楼板上预留孔洞要随时检查并加以维护。

3）按要求搭设上下人坡道，保证施工操作人员行走安全。

4）设专人经常检查脚手架的安全使用情况。

第7-5问　对木工的配合要求有哪些？

木工配合砌筑工程的作业主要有两大部分：

1）门窗安装配合。门窗的安装分先按框和后按框（后塞口）两种情况。木工配合砌筑作业时，一是要告知砌筑工门窗框洞口四周应预留的间隙，二是要事先告知砌筑工放置预埋件的数量及间距等要求。

2）砌成的墙体需浇筑混凝土，在支设模板或门、窗碹的模板时，各工种要相互照顾，及时配合。木工在支模中不要损坏已砌墙体，同时也要选择好合适的拆模的时间，达到互不影响工作的目的。当遇有筒拱或拱壳时，为保证曲线的准确性，木工应事先制作好碹胎拱摸以供砌筑时使用。

第 7-6 问　对钢筋工的配合要求有哪些?

钢筋工配合砌筑工程的作业主要分为两部分:

1）钢筋工负责完成墙体内构造柱及圈梁钢筋的制作和安装工作。

2）钢筋工负责墙体内拉结筋的制作，并提前交给砌筑工，由砌筑工在砌墙时按要求放置。

第 7-7 问　对混凝土工的配合要求有哪些?

因砌筑工程中墙体内有不少构造柱（含芯柱）及圈梁需浇筑混凝土，所以这部分的配合工作是双向的。一方面是砌筑时砌筑工要准确地留好这些构件的位置及外形尺寸，如构造柱的马牙槎必须准确留置。另一方面是混凝土工在浇筑混凝土时不得对墙体有损伤，并不得污染墙面。

第 7-8 问　对管道工的配合要求有哪些?

砌筑工程和管道工程的配合也是双向的。一方面，管道工程在墙上要预留很多孔洞及配管沟槽，这些沟槽孔洞的位置均应由管道工在砌筑前确定好，并在砌筑时派专人配合并及时检查留的是否准确。

另一方面，砌筑工需要为管道工程砌筑各种管沟及渗井、水池等配套工程，这时砌筑工程就要按管道工程的要求（如坡度、防潮、隔热）进行施工。

第 7-9 问　对电工的配合要求有哪些?

电气工程在墙上的预埋、预留工程较多，如预留各种配电箱、分线盒、开关、插座等的安装孔洞，在墙中预埋各种电线管、钢管、塑料管等。因此，在砌筑时，必须由电工配合砌筑工程做好这些工作。电气专业人员一定要事先认真细致地计划好这些预埋、预留口的位置及尺寸，防止墙体砌好后才发现错误，再重新剔槽凿洞。电线管开槽必须顺直，不得歪斜（见图7-1和图7-2）。

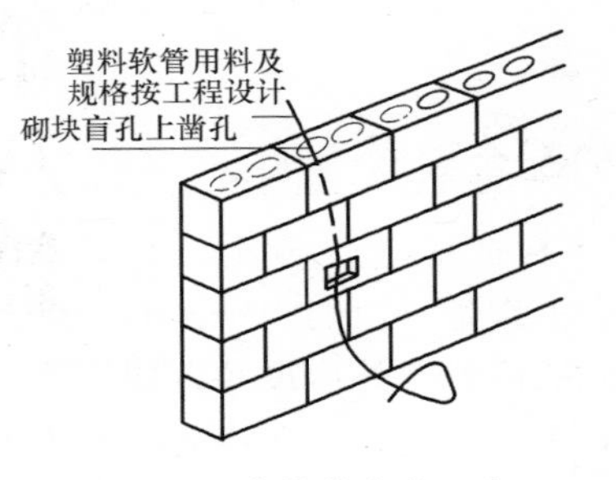

图7-1 电线管安装示意

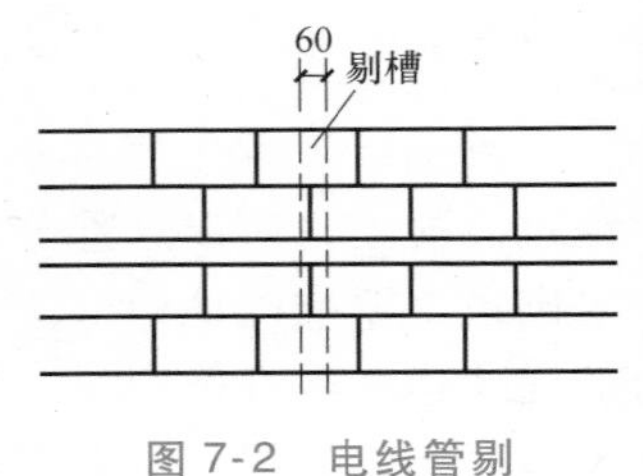

图7-2 电线管剔槽立面示意

此外，电工要为砌筑工程提供安全可靠的现场临时用电。

第八篇

其　他

本篇内容提要

本篇简单介绍砌筑工程的工料计算及工料定额的使用和合同有关知识。

第8-1问　基础与墙（柱）是怎样划分的？

在工料计算时，基础与墙身按下列原则来划分：

1）基础与墙（柱）使用同一种材料时，以设计的底层室内地面为界（有地下室时，以地下室室内地面为界），室内地面以下为基础，以上为墙。

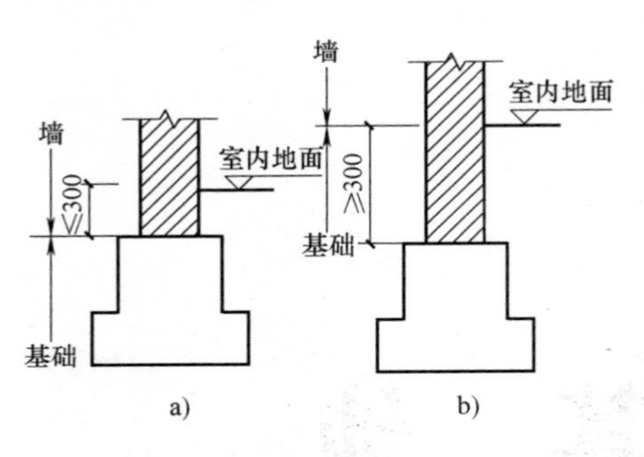

图8-1　基础与墙（柱）的划分示意图

2）基础与墙身使用不同材料时，若不同材料的分界线位于设计的室内地面以下300mm的范围内，则以不同材料的分界线为界，如图8-1a所示；若不同材料的分界线位于设计的室内地面以下300mm的范围外时，则以设计的底层室内地面为界，则设计的室内地面标高以下为基础，以上为墙体，如图8-1b所示。

第8-2问　基础工程量是怎么计算的？

1）基础工程量按不同材料，以体积计算；

2）带（条）形基础的体积=基础断面面积×基础长度。

①基础长度的确定：计算外墙基础时，长度按外墙中心线取；计算内墙基础时，按内墙基础净长取。

② 基础断面面积计算：基础断面面积= 基础墙厚×(基础高度+折加高度)。

其中折加高度可按砖基础大放脚构造形式和错台层数以及基础墙厚度等从表 8-1 及表 8-2 中查得。

表 8-1　等高式砖基础大放脚折加高度

基础墙厚/mm	大放脚错台层数					
	一	二	三	四	五	六
	折　加　高　度　/m					
115	0.137	0.411	0.822	1.369	2.054	2.876
240	0.066	0.197	0.394	0.656	0.984	1.378
365	0.043	0.129	0.259	0.432	0.647	0.906
490	0.032	0.096	0.193	0.321	0.482	0.675
615	0.026	0.077	0.154	0.256	0.384	0.538
740	0.021	0.064	0.128	0.213	0.319	0.447
增加断面面积/m^2	0.01575	0.04725	0.0945	0.1575	0.2363	0.3308

注：1. 本表按标准砖双面放脚每层高 12.5cm（二皮砖二灰缝）砌出 6.3cm 计算（见图 8-2）。

2. 折加高度（m）= 大放脚面积（m^2）/墙厚（m）。

3. 采用折加高度数字时取二位小数，第三位以后四舍五入；采用增加断面数字时取三位小数，第四位以后四舍五入。

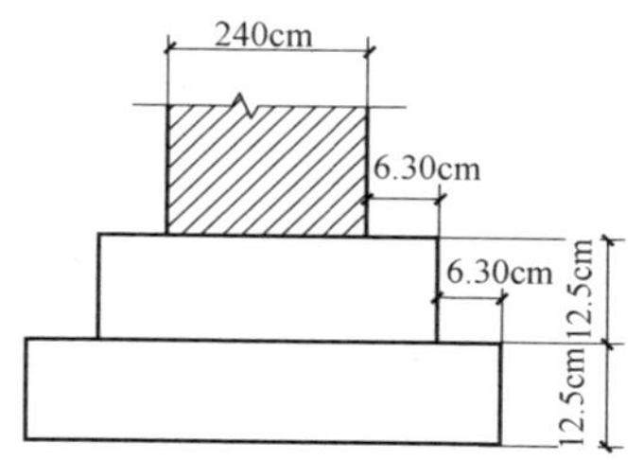

图 8-2　等高式砖基础大放脚示意图

3）计算基础体积时，有以下情况的，体积不予扣除或增加：

① 内外墙基交接处，基础大方脚T形接头处重叠部分的体积不扣除；

② 嵌入基础内的钢筋、铁件、管道、防潮层及单个面积小于 $0.3m^2$ 以内的空洞所占的体积不扣除；

③ 沿靠墙基的地下暖气沟，构造要求需基础挑出部分的体积不予增加。

4）附墙垛基础凸出部分的体积并入基础工程量内。

第8-3问 如何用查表法计算基础工程量？

现有等高式大放脚砖基础、大放脚错台二层，基础墙厚为240mm，基础剖面图如图8-2所示，基础长度为100m。计算该基础的工程量。计算步骤如下：

1. 计算砖基础断面积

从表8-1中可查得：墙厚240mm，二台级，折高系数为0.197，增加断面面积为 $0.04725m^2$。计算有两种方法：

1）按公式：基础断面面积=基础墙厚×(基础高度+折加高度)，得

基础断面面积 $= 0.24 \times (0.125 \times 2 + 0.197)\,m^2 = 0.24 \times 0.447m^2 = 0.10728m^2$（取小数点后三位，则基础断面面积为 $0.107m^2$）

2）按增加断面面积进行计算：基础断面=墙厚×基础高度+增加断面积，得

基础断面 $= 0.24 \times 0.125 \times 2m^2 + 0.04725m^2 = 0.06m^2 + 0.04725m^2 = 0.10725m^2$（与按公式计算的面积相同）

2. 计算砖基础体积

按计算公式：基础体积=基础长度×基础断面积，得

基础体积 $= 100 \times 0.107\text{m}^3 = 10.7\text{m}^3$

则 100m 长基础工程量为 10.7m^3

第 8-4 问　墙体工程量是怎么计算的?

1）墙体工程量按不同材料、墙厚度、清水墙或混水墙，以墙的体积计算。

2）墙体计算长度的确定：外墙计算长度按外墙间中心线取；内墙计算长度按内墙净长取。

3）墙体计算高度的确定：按表 8-2 中规定进行计算。

表 8-2　墙的高度计算规定表

外墙高度	1. 坡屋面无檐口、顶棚者算至屋面板底 2. 有屋架，且室内外均有顶棚者，算至屋架下弦底面并另加 200mm；无顶棚者，算至屋架下弦底另加 300mm 3. 出檐宽度超过 600mm 时，应按实砌高度计算 4. 平屋面算至钢筋混凝土板底
内墙高度	1. 位于屋架下弦者，其高度算至屋架底 2. 无屋架者，算至顶棚底另加 100mm 3. 有钢筋混凝土楼板者算至板底 4. 有框架梁时算至梁底面
山墙高度	按山墙平均高度计算

4）墙体计算厚度的确定：按照设计标明的墙体厚度进行计算，烧结普通砖墙的厚度可按表 8-3 折算。

表 8-3　烧结普通砖墙厚度

砖数	1/4	1/2	3/4	1	1+1/2	2	2+1/2	3
厚度/mm	53	115	180	240	356	490	615	740

5）计算墙体体积时，门窗洞、过人洞、空圈、嵌入墙内的混凝土柱、梁（包括过梁、圈梁、挑梁）、砖平拱、钢筋砖过梁和暖气包壁龛及内墙板头的体积，应予扣除。

6）计算墙体体积时，以下情况的体积应不予扣除或增加：

① 伸入墙中的梁头、外墙板头、檩头、垫木、木砖，门窗走头，墙内拉结筋、铁件、管道以及单个面积在 $0.3m^2$ 以下的孔洞等所占的体积，不予扣除。

② 凸出墙面的虎头砖、压顶线、山墙泛水、烟囱根、门窗套及三皮砖以内的腰线和挑檐等体积不予增加。

7）附墙烟囱（包括附墙通风道、垃圾道）按其外形体积计算，并入墙体内，不扣除每个孔洞横截面在 $0.1m^2$ 以内的体积。

8）女儿墙并入外墙，附墙垛并入相附的墙体计算。

9）多孔砖、空心砖不扣除孔洞多占的体积。

10）填充墙不扣除填充料所占的体积。

第 8-5 问　什么叫工料定额？

工料定额是标定每完成一定砌体所花费的人工、材料、机械的定额用量。

工料定额中人工按综合工人计算，不分技工等级和力工等工种，一并综合考虑。

工料定额中材料仅标出主要材料的需用量，不包括零星的辅助材料。其中砂浆按配合比及其型号进行换算，计算出所用的原材料用量。

工料定额中机械仅标出主要机械的台班数量，不包括小型机械及机具。

工料定额中的用量已考虑一定的损耗，主要用来作为计算

成本和投资的依据，并不能作为实际的施工用量。

第8-6问　怎样应用砖基础和砖墙的工料定额？

现摘录目前辽宁省建筑工程计价定额表（2008年）中的砖基础定额表（见表8-4）、单面清水砖墙定额表（见表8-5）和混水砖墙定额表（见表8-6），以此为例介绍定额表的应用。

表8-4　砖基础（编码：010301）

砖基础（编码：010301001）

工作内容：

砖基础：运砂浆、铺砂浆、运砖、清理基础坑、砌砖等。

定额：　（单位：$10m^3$）

项目内容			001
			3-1
项目			砖基础
基价/元			1922.97
其中	人工费/元		401.80
	材料费/元		1521.17
	机械费/元		—
名称		单位	消耗量
人工	普工	工日	3.280
	技工	工日	4.920
材料	水泥砂浆 M5	m^3	(2.36)
	机制砖(红砖)	千块	5.236
	水	m^3	1.05

表 8-5　砖砌体（编码：010302）（局部）

实心砖墙（编码：010302001）

工作内容：

砖墙：运砂浆、铺砂浆、运砖；砌砖包括窗台虎头砖、腰线、门窗套；安放木砖、铁杆等。

定额：（单位：$10m^3$）

项目编号				001 3-2	003 3-4	004 3-5
项目				单面清水砖墙		
				1/2 砖	1 砖	1 砖半
基价/元				2363.54	2191.21	2142.43
其中	人工费/元			724.71	622.45	588.15
	材料费/元			1638.83	1568.76	1554.28
	机械费/元			—	—	—
名称			单位	消耗量		
人工	普工		工日	5.916	5.081	4.801
	技工		工日	8.874	7.622	7.202
材料	混合砂浆 M2.5		m^3	—	(2.25)	(2.40)
	水泥砂浆 M10		m^3	(1.95)	—	—
	机制砖(红砖)		千块	5.641	5.40	5.35
	水		m^3	1.13	1.06	1.07

表 8-6　混水砖墙定额表（局部）

工作内容：

砖墙：运砂浆、铺砂浆、运砖；砌砖包括窗台虎头砖、腰线、门窗套；安放木砖、铁杆等。

定额：（单位：$10m^3$）

项目编号	007 3-8	009 3-10	010 3-11
项目	混水砖墙		
	1/2 砖	1 砖	1 砖半
基价/元	2303.18	2099.19	2069.86

（单位：$10m^3$）

项目编号			007	009	010
			3-8	3-10	3-11
项目			混水砖墙		
			1/2 砖	1 砖	1 砖半
其中	人工费/元		664.35	530.43	515.58
	材料费/元		1638.83	1568.76	1554.28
	机械费/元		—	—	—
名称		单位	消耗量		
人工	普工	工日	7.586	4.330	4.209
	技工	工日	11.378	6.495	6.313
材料	混合砂浆 M2.5	m^3	—	(2.25)	(2.40)
	水泥砂浆 M10	m^3	—	—	—
	水泥砂浆 M5	m^3	(1.95)	—	—
	机制砖(红砖)	千块	5.641	5.40	5.35
	水	m^3	1.13	1.06	1.07

从上述表中可看出，定额表分为上下两大部分，上部分为发生的定额费用，下部分为所需的人工及材料用量。

现以表 8-6 中一砖厚的混水墙为例，查表计算定额用量。

表 8-6 中的计量单位为 $10m^3$，也即砌 $10m^3$ 一砖厚混水墙砌体的定额用量为：

1）从表的上部分可看出 $10m^3$ 砌体的综合单价为 2099.19 元，合每立方米为 209.92 元。其中，人工费为 530.43 元（53.043 元/m^3）；材料费为 1568.76 元（156.88 元/m^3）。

2）从表的下部分中可看出每 $10m^3$ 砌体所需的人工为：普工为 4.33 工日（0.43 工日/m^3）；技工为 6.495 工日（0.65 工日/m^3）；技工与普工的比例约为 6∶4。材料为：混合砂浆为 $2.25m^3$（每立方米为 $0.225m^3$）；机制砖（红砖）5.4（千块），即每立方米砌体为 540 块；水 $1.06m^3$，即每立方米砌体为 $0.106m^3$。

第 8-7 问　怎样应用砌块的工料定额？

现仍以辽宁省建筑工人计价定额表（2008 年）中的砌块砌体的工料定额表为例，介绍定额表的应用。

表 8-7　砌块砌体的工料定额（局部）

工作内容：

调、运、铺砂浆，运砌块；砌砌块包括窗台虎头砖、腰线、门窗套；安放木砖、铁件等。

定额：（单位：10m³）

项目编码			010 3-81	012 3-83
项目			砌块墙	
			小型空心	加气混凝土
			砌块	
基价/元			1989.68	2304.97
其中	人工费/元		404.74	330.17
	材料费/元		1584.94	1974.80
	机械费/元		—	—
名称		单位	消耗量	
人工	普工	工日	3.304	2.695
	技工	工日	4.956	4.043
材料	砌筑用混合砂浆　中砂 M10	m^3	(0.95)	(0.80)
	加气混凝土块 600×240×150	块	—	438.00
	硅酸盐砌块 280×430×240	块	—	—
	硅酸盐砌块 430×430×240	块	—	—
	硅酸盐砌块 580×430×240	块	—	—
	硅酸盐砌块 880×430×240	块	—	—
	空心砌块 190×190×190	块	150.00	—
	空心砌块 390×190×190	块	539.90	—
	空心砌块 90×190×190	块	115.00	—
	陶粒空心砌块	m^3	—	—
	机制砖(红砖)	千块	0.276	0.276
	水	m^3	0.70	1.00

现以砌小型空心砌块墙为例说明如下：

1）表中的计量单为 $10m^3$。

2）其项目编码为 010. 3-81。

3）所需人工费为 1989. 68 元，其中人工费为 404. 74 元，材料费为 1584. 94 元。

4）所需人工：普工为 3. 304 工日，技工为 4. 956 工日，技工与普工的比例约为 5：3。

5）所需材料：混合砂浆为 $0.95m^3$；190mm×190mm×190mm 空心砌块 150 块；390mm×190mm×190mm 空心砌块 539. 9 块；90mm×190mm×190mm 空心砌块 115 块；机制砖（红砖）276 块；水 $0.7m^3$。

对于使用空心砖规格、数量及红砖使用量，要注意：一方面，这是一个综合的参考数据；另一方面，这仅是作为定额中的计算材料费的依据，实际使用中可能有出入，尤其是使用主规格砖（本定额中主规格砖为 390mm×190mm×190mm）。主规格砖与辅助规格砖的比例需另行计算。

实例：××工程通过工程量计算，使用小型空心砌块的墙体体积为 $1200m^3$，砌块的主规格为 390mm×190mm×190mm，现计算该墙体所需的人工材料费用。

先查表 8-7 中相应栏目，具体计算步骤如下：

1. 人工计算

1）查表中的编码可知，小型空心砌块的编码为 010. 3-81。

2）所需的普工为 $1200m^3/10m^3 \times 3.304$ 工日 = 396. 48 工日。

所需的技工为 $1200m^3/10m^3 \times 4.956$ 工日 = 594. 72 工日。

技工与普工的比例为 594. 72：396. 48，大约为 6：4。

3）每个技工所砌的砖块大约为 $1200m^3 \div 594.72$ 工日 ≈

$2.02m^3$/工日；如现场有 20 个技工砌筑，则大约需 $1200m^3$/(20 工×$2.02m^3$/工日)≈30 日才能完成。

2. 材料计算

1) 混合砂浆需用量为 $1200m^3/10m^3 \times 0.95m^3 = 11.4m^3$。

由于目前推广使用商品砂浆，故即可按上述数量订购。如采用现场搅拌，则可换算成水泥、砂、石灰膏等用量（略）。

2) 砌块数量：

主规格 390×190×190mm 的需要量为 $1200m^3/10m^3 \times 539.9$ 块 = 64788 块。

190×190×190mm 的需要量为 $1200m^3/10m^3 \times 150$ 块 = 18000 块。

90×190×190mm 的需要量为 $1200m^3/10m^3 \times 115$ 块 = 13800 块。

3) 机制砖（红砖）的数量为 $1200m^3/10m^3 \times 276$ 块 = 33120 块。

4) 所需水用量为 $1200m^3/10m^3 \times 0.7m^3 = 84m^3$。

第 8-8 问　什么是正确的分包合同?

根据《房屋建筑和市政基础设施工程施工分包管理办法》规定，正确的分包合同分为专业工程分包和劳务作业分包两种。

1) 专业工程分包指承包企业（简称专业分包工程发包人）将其所承包工程中的专业工程，发包给具有相应资质的其他的建筑企业（简称专业分包工程承包人）完成的活动。

2) 劳务作业分包指上述总承包企业将其承包中劳务作业发包给劳务分包企业（简称劳务作业承包人）完成的活动。

3) 分包工程的承包人必须具有相应的资质，并在其相应资质等级许可的范围内承揽业务。

4）严禁个人承揽分包工程业务。

5）分包工程发包人与分包工程承包人因依法签订分包合同，并按合同履行约定的义务。

6）分包合同必须明确约定支付工程款和劳务工资的时间、结算方式和保证按其支付的相应措施，确保工程款和劳务工资的支付。

7）合同应送工程所在地县级以上地方人民政府住房城乡建设主管部门备案。

第 8-9 问　什么是违法分包？

1）分包工程发包人将专业工程或劳务作业分包给不具备资质条件的分包工程承包人。

2）施工总承包合同中没有约定，又未经建设单位认可，分包工程发包人将承包工程中的部分专业工程分包给他人。

3）未办理任何承包合同，或合同没有备案。

4）分包工程发包人在施工现场不加管理，放任承包人随意施工。

第 8-10 问　个人签订劳务合同应注意些什么？

上面第 8-8 问、第 8-9 问均是指工程（劳务）承包的问题，是两个企业间签订合同的问题，但现在问题较多的是个人在签订劳务合同的情况。很多场合下务工者不签任何书面合同就给企业主（老板）干活，干完后如果企业主不支付工资，务工者无可奈何。为此，凡务工者参加劳务时，必须与使用单位签订书面的劳务合同：

1）劳务合同是企业主和务工者在平等协商基础上，明确双方权利、责任、义务的协、议，具有法律约束力。

2）劳务合同一经签订，务工者就必须承担工作，遵守用人单位的劳动纪律和各种规章制度。企业主则必须提供相应劳动条件和报酬。

3）签订合同的形式和程序必须合法。合同必须以书面形式签订，不得以口头协议代替。因为没有书面合同的劳动争议，仲裁机关将不予受理。

4）在签订合同中，避免两种不良倾向：一是务工者忽视书面劳务合同的签订，往往认为是亲戚、朋友、老同志、老合作伙伴等，以口头协议为准，这样不利于务工者自身权益的保护；二是企业主（老板）往往在合同中过分强调自己的利益，忽视对务工者的利益保护，使合同有失公平，特别是安全施工方面的保障。

5）如果双方产生了劳动争议，应在权利被侵害之日起半年内向仲裁委员会申请仲裁（其办事机构一般设立在劳动局内）。如对仲裁不服，可向当地法院起诉。

附录

本书符号和术语

类别	符号和术语	诠释
长度	m	米
	cm	厘米
	mm	毫米
	km	千米
面积	m^2	平方米
	cm^2	平方厘米
	mm^2	平方毫米
	ϕ	直径
体积	m^3	立方米
	cm^3	立方厘米
	L	升：容量、体积计量单位，$1m^3=1000L$
时间	d	天
	h	小时
	min	分
	s	秒
标高及误差	+	正
	-	负
	±	正负：用于表示标高，如底层地面标为±0.00；用于质量检测标准中允许误差，如标注±5，则表示允许误差范围-5~+5。
温度	℃	摄氏度
角度	°	度
音量	dB	分贝：表示音量的强弱（大小）单位。
电气	V	电压强度单位
	A	电流强度单位
速度	r/min	转速/分：指机器每分钟运转单位。如：马达转速1200r/min。

（续）

类 别	符号和术语	诠 释
质量	t	吨
	kg	千克
	g	克
	kg/m^3	千克/立方米;物体每立方米的质量,如混凝土每立万米质量为 2400 千克,则表示方法:$2400kg/m^3$
力学荷载	kN	千牛
	N	牛,1kgf≈9.8N
	kN/m^2	千牛/平米;指每平方米面积上的荷载
	kN/m	千牛/米;指每延长米上的荷载
强度	bar	巴:强度单位,如气压高低(大小)用 bar 为单位
	kPa	千帕:强度单位
	MPa	兆帕;强度单位,如水泥、混凝土等的强度等级即为其 28d 标准养护的强度值,以 MPa 为单位。1MPa = 10kPa = 1000kPa
	42.5	表示水泥强度等级,即标养 28d 抗压强度 42.5MPa
	C30	表示混凝土强度等级。以混凝土标养 28d 抗压强度值确定
	$f_{cu.k}$	表示混凝土立方体抗压强度标准值,混凝土强度等级由此强度确定
	MU15	表示砖、砌块强度等级
	M10	表示砂浆强度等级
	R_{28}	表示混凝土(砂浆)标养 28 天的强度值,如:R_{28} = 31.5MPa
特种性能	P	表示混凝土抗渗等级的符号。如 P6 表示抗渗等级为 6 级
	D	表示混凝土抗冻等级的符号,如 D200,表示承受反复 200 次冻融循环
混凝土配合比单上的	C	水泥
	S	砂子
	G	石子
	W	水
	FA	粉煤灰
	KF	矿粉

（续）

类别	符号和术语	诠释
大小比例	<	小于
	>	大于
	≤	小于或等于，如：$10<H\leqslant15$，表示 H 应大于 10，小于或等于 15
	≥	大于或等于
	%	百分率
	1∶2	表示两种物体所占总质量（或体积）的份额，如 1∶2 水泥砂浆（体积比）即表示：1 份水泥，2 份砂子；若是按质量比，则表示：总质量 300kg，其中水泥 100kg，砂子 200kg
平、立面尺寸表示法	240mm×240mm	表示物体的平面尺寸：长度×宽度
	240mm×120mm×63mm	表示物体的立体尺寸：长度×宽度×厚度（高度）
其他	密　度	“表观密度”即单位密实体积的质量，俗称“比重”；“堆积密度”，即单位松散体积的质量，俗称“容重”。密度单位均为：t/m^3
	冻融循环	指对混凝土（或其他物质）做耐久性试验，通过反复冻结、融化循环的次数，用于测验判定混凝土的耐久性
	电子计量	即采用电子计量器具来测定物体（如砂石水泥等）质量，精确度较高，误差小
	建筑荷载	房屋建筑在使用中承受的家具、设备、人流活动、风雪及构件自身等的重量，统称为荷载
	集中荷载	指只集中一处传给构件的荷载称为集中荷载，如楼板次梁搁置在主梁上，则主梁受到次梁传来的集中荷载
	均布荷载	指均布在构件上的荷载称为均布荷载，如楼板上承受的荷载或屋面的雪载
	拉　力	构件受两端向外的力作用而产生的内应力为拉力，如屋架的下弦杆。附图 1 所示为杆件受拉状态，图中虚线表示杆件受拉后会变形伸长 P　P 附图 1

（续）

类别	符号和术语	诠释
其他	压　力	构件受两端向内的力作用而产生的内应力为压力，如中心受压的柱子。附图2所示为杆件受压状态，图中虚线表示杆受压后会压缩变形缩短了  附图 2
	弯　矩	梁受到荷载后发生向下弯曲变形（俗称挠度），使梁产生内应力，下部受拉，上部受压，越靠梁的中央应力越大，即承受的弯矩作用越大。由于混凝土抗压强度高，抗拉强度低，因此在下部使用钢筋来为混凝土承受拉力，使梁不致破坏。附图3所示为梁承受过大荷载后达到破坏状态时情境 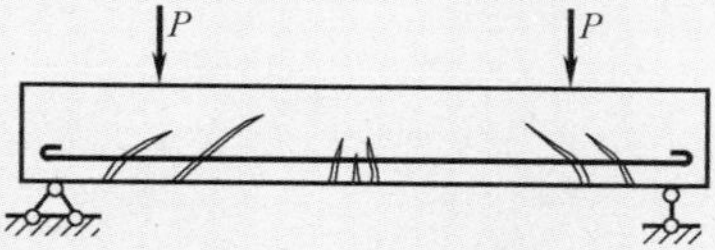 附图-3
	剪　力	当梁受到竖向荷载或墙受到水平荷载（如风荷载）后，梁在靠近两端支座附近区域呈八字状或墙呈X状的近似45°斜角截面处产生法向拉应力，使混凝土产生裂缝，即构件受到剪力的作用而产生破坏。为此，梁在靠近两端设置45°角的弯起钢筋，同时此处钢箍加密，以抵抗剪力的破坏。如附图3中梁两端的斜向裂缝的产生，大部分是由剪应力引起的。附图4所示为墙体在地震中受剪力作用后的破坏状态  附图 4
	地震烈度	指国家规定该区域地震强度的等级，设计按此等级做设防措施

（续）

类别	符号和术语	诠释
其他	抗震设防区	按国家规定该区域有发生地震可能的地区，在工程建设设中必须按标准（即抗震设防烈度）采取抗震设计
	非地震区	即按国家规定该区域不会发生地震可能的地区，因此，建筑设计无须采取抗震设防措施

参考文献

[1] 周文波，等. 砌筑工（中级）[M]. 北京：机械工业出版社，2006.
[2] 廖圣涛. 砌筑工 [M]. 北京：清华大学出版社，2014.
[3] 北京土木建筑学会，等. 建筑工程技术交底（实例）范本：砌体结构工程 [M]. 南京：江苏人民出版社，2012.
[4] 闰晨. 砌体工程和木结构工程 [M]. 北京：中国铁道出版社，2012.
[5] 彭圣浩. 建筑工程质量通病防治手册 [M]. 3 版. 北京：中国建筑工业出版社，2002.

新书推荐

从新手到高手系列丛书（第2版）

本套书根据建筑职业操作技能要求，并结合建筑工程实际等作了具体、详细的介绍。

本书简明扼要、通俗易懂，可作为建筑工程现场施工人员的技术指导书，也可作为施工人员的培训教材。

扫一扫直接购买

书名：建筑电工从新手到高手　书号：978-7-111-44997-3　定价：28.00
书名：防水工从新手到高手　书号：978-7-111-45918-7　定价：28.00
书名：木工从新手到高手　书号：978-7-111-45919-4　定价：28.00
书名：架子工从新手到高手　书号：978-7-111-45922-4　定价：28.00
书名：混凝土工从新手到高手　书号：978-7-111-46292-7　定价：28.00
书名：抹灰工从新手到高手　书号：978-7-111-45765-7　定价：28.00
书名：模板工从新手到高手　书号：978-7-111-45920-0　定价：28.00
书名：砌筑工从新手到高手　书号：978-7-111-45921-7　定价：28.00
书名：钢筋工从新手到高手　书号：978-7-111-45923-1　定价：28.00
书名：水暖工从新手到高手　书号：978-7-111-46034-3　定价：28.00
书名：测量放线工从新手到高手　书号：978-7-111-46249-1　定价：28.00

《施工员上岗必修课》

杨燕 等编著

全书内容丰富，编者根据多年在现场实际工作中的领悟，汇集成施工现场技术及管理方面重点应了解和掌握的基本内容，对现场施工管理人员掌握现场技术及管理方面的知识是一个很好的教程。读者可以根据自己的实际情况选择相关内容学习，也可以用作现场操作的指导书。本书适合现场的施工管理人员、监理人员、业主及在校大学生阅读。

扫一扫直接购买

书号：978-7-111-53713-7　定价：69.00元

检
43